云南高原山地传统人居环境丛书

土掌房民居

徐坚 王玲 马瑞衢
撒莹 刘杨 丁文磊 编著

国家自然科学基金项目面上项目——基于适应性的高原山地民族传统人居环境空间格局及文化景观特征研究（51878591）成果
中国建筑学会科普教育基地云南大学建筑与规划学院成果

中国建筑工业出版社

图书在版编目（CIP）数据

土掌房民居/徐坚等编著. --北京：中国建筑工业出版社，2024.10. --（云南高原山地传统人居环境丛书）. --ISBN 978-7-112-30535-3

Ⅰ.TU241.5

中国国家版本馆CIP数据核字第2024JH9569号

责任编辑：吴宇江　赵　赫
书籍设计：锋尚设计
责任校对：姜小莲

云南高原山地传统人居环境丛书
土掌房民居
徐　坚　王　玲　马瑞衢　撒　莹　刘　杨　丁文磊　编著
*
中国建筑工业出版社出版、发行（北京海淀三里河路9号）
各地新华书店、建筑书店经销
北京锋尚制版有限公司制版
北京云浩印刷有限责任公司印刷
*
开本：787毫米×1092毫米　1/16　印张：9　字数：164千字
2025年5月第一版　　2025年5月第一次印刷
定价：48.00元
ISBN 978-7-112-30535-3
（43552）

版权所有　翻印必究
如有内容及印装质量问题，请与本社读者服务中心联系
电话：（010）58337283　QQ：2885381756
（地址：北京海淀三里河路9号中国建筑工业出版社604室　邮政编码：100037）

丛书前言

高原是指海拔高度在1000m以上、面积广大、地形开阔、周边环绕明显陡坡的比较完整的大面积隆起地区，其主要特征包括气候变化快、气压较低、气温偏低、风力强劲以及阳光辐射较强等。山地是地形起伏度和坡度显著的特殊地域，通常包含山间谷地、山前堆积地等多种类型，拥有复杂的生态环境体系，呈现出生境的多样性，以及相应生态系统结构与功能特征的差异性。广义的高原山地，是指在高原地貌上叠加山地地形的区域，兼具山地和高原的双重特征。一方面，它具有大面积的隆起；另一方面，其表面形态奇特多样。与典型高原相比，高原山地的自然环境更为复杂、恶劣，山地垂直梯度上各影响因素的作用更为明显。由于是在高原上叠加山地地形，其地形相对变化更为剧烈，自然环境也更为复杂。

高原山地普遍具有以下特征[1]：①高原呈波涛状。相对平缓的区域在总面积中占比极小，其尺寸涵盖从大尺度的高原到小尺度的山地，加大了研究和开发建设的复杂性和艰巨性。②高山峡谷相间。山岭和峡谷相对高差大，垂直梯度特征明显，且变化快。③地势随地形地貌呈阶梯递降或递增。每一梯层内的地形地貌十分复杂，高原面上不仅有丘状高原面、分割高原、大小不等的山间盆地，还有巍然耸立的巨大山体和深切的河谷，使得本已十分复杂的地带性分布规律更加错综复杂。④众多断陷盆地星罗棋布。盆地及高原台地形成的"坝子"所占比例虽小，但在地域范围内所起的推动、辐射、中心作用明显。现作为高原山地上城镇化水平最高的"坝子"，也几乎被人工建设填满。⑤山川湖泊纵横。山河湖泊众多，构成了山岭纵横、水系交织、河谷深渊、湖泊棋布的特色景观。高原山地人居环境地处复杂、恶劣的自然环境中，生态系统脆弱，自然灾害频发。高原山地人居环境保护与建设难度较大，易造成"建设性破坏"和"破坏性建设"。受自然条件限制，该地区形成了封闭单一的自然经济模式，导致高原山地区域经济文化发展相对落后。基础设施和社会事业发展滞后，高原山地人居环境亟须改善与提升。

高原山地自然环境复杂多变，山脉连绵起伏，江河蜿蜒曲折。人文环境和自然环境相适应，使得高原山地人居环境呈现出多样性和复杂性的特点。这里既有处于不同生态位的山地城镇、丘陵地城镇，也有平坝地城镇、河谷地城镇；既有依托大城市的服务型城镇、交通及边境沿线的商贸型城镇，也有传统农业型城镇、工矿型城镇、乡镇企业聚集型城镇和旅游型城镇；既有汉族为主体的聚居城镇，也有多民族聚居城镇；既有历史文化积淀深厚的历史文化型城镇，也有颇具现代文化色彩的现代文化型城镇。总体而言，高原山地人居环境的适应性特征表现在对坝区气候和地形的适应性、对山地气候和地形的适应性和对河谷区气候和地形的适应性。

高原山地景观的人文特征与当地民族、人口、聚落、年龄、性别、教育、产业结构、产业规模、社会组织、能源供应、医疗服务、收入水平等人文要素有密切关系。在多方面综合效益影响下，高原山地人文环境呈现出以下特征：高原山地区域文化的广泛性，高原山地区域文化的独特性与多样性，高原山地区域文化的交融性、完整性与传承性[2]。

云南地处高原山地，平均海拔约2000m，具有高山、低谷、丘陵、平坝、岩溶等各种地貌单元，山地面积占全省总面积的94%，高原山地特征非常明显。云南省南北纬度跨度仅8°，气候兼具低纬度气候、季风气候、高原山地气候的特点。区域差异和垂直变化明显，表现为年温差小、日温差大，降水充沛、干湿分明且分布不均，无霜期长、光照条件好。复杂的地形地貌、气候条件和土地条件使这里有着丰富多样的动植物种群资源和自然景观资源。

云南省典型的高原山地自然特征，使人居环境在地貌上呈现出立体分布的特点，也让不同地貌上的人居环境发展成完全不同的形态，展现出风格迥异的地域特征。云南地区地形多样、气候多变、多民族文化的融合和碰撞导致不同种类建筑形式的出现，丰富的物种资源又使建筑有了多种建筑形态、建筑材料以供选择。

目录

第一章　云南土掌房空间格局特征 …………………… 001
　　一、土掌房空间分布特征 …………………………… 002
　　二、土掌房垂直分布特征 …………………………… 005

第二章　云南土掌房文化景观特征 …………………… 007
　　一、云南土掌房的建筑发展 ………………………… 008
　　二、云南土掌房所在地域文化特征 ………………… 013

第三章　云南土掌房聚落及其人居环境 ……………… 027
　　一、云南土掌房聚落与自然环境 …………………… 028
　　二、云南土掌房聚落形态与肌理特征 ……………… 042
　　三、云南土掌房聚落街巷体系 ……………………… 045

第四章　云南土掌房民居建筑 ………………………… 049
　　一、土掌房民居建筑平面形制 ……………………… 050
　　二、土掌房民居建筑立面特征及剖面特征 ………… 080
　　三、土掌房的砌筑智慧 ……………………………… 104

第五章　云南土掌房民居营造技术及装饰 …………… 107
　　一、建造材料 ………………………………………… 108
　　二、建筑构造特征 …………………………………… 119
　　三、特殊建造技艺 …………………………………… 130
　　四、地域性建筑装饰 ………………………………… 130

参考文献 ………………………………………………… 132

第一章 云南土掌房空间格局特征

土掌房是一种在密楞上铺设柴草抹泥的平顶式夯土房屋，属于类生土建筑的一种。按照具体建造方式及建筑形态，可分为平顶式土掌房、土库房、蘑菇房等类型。

土掌房是云南多个民族的民居建筑形式，历史悠久，其起源与民族文化交融有着密不可分的关系，且与古滇国时期的水利工程建设有着深刻的联系。1972—1973年，云南省博物馆相关工作人员在元谋县城东4km龙川江支流张二村北岸的新石器遗址中发现了此类建筑遗迹，表明早在远古时期，云南就已经出现土掌房的原型。

土掌房的建筑风格，可以从古羌人建筑文化中窥见端倪。古羌人建筑的空间层次通常为三层模式："底层畜圈、二层住人、三层晒台"[3]，这种空间结构与土掌房的空间建构特征吻合。除此之外，土掌房的选材均来自天然材料，滇北德钦地区"碉"的原型用材以石块、木材为主，滇中滇南地区为适应气候需求，注重保暖隔热，屋顶、墙体多用夯土建造，而屋顶与墙体为兼顾采光和通风会预留一条保证缝，墙体主梁架上铺楞子，楞子上铺树枝、葵花干等枝条，当地称"撒子"，其上铺松毛、柴草，并捶打3~5道干土，构成夯土层，所铺用土为透水性较小的黏土，俗称"胶泥土"[4]，"土掌房"之名亦由此而来。

建筑形式上，土掌房建筑还通过与穿斗式木构架技术相结合，形成了"一颗印"[5]，这是较早的云南"合院式"建筑的原型表达。典型的土掌房民居一般为三开间，体量呈长方体或正方体，结合坡地地形灵活退台处理为两层或三层。空间分前后两个部分布置，前后地面有高差，前部为厢房（又称耳房），后部为正房，屋顶平台层叠交错，与坡地环境融为一体，顶层可用于晾晒农作物，兼具一定的隔热与保温功能。土掌房施工简便，用料就地取材，造价低廉。

云南省土掌房的空间格局特征与土掌房的功能、材料等息息相关，表现出建筑对区域自然环境和人文特色的适应，在空间分布和垂直分布上均呈现出一定的规律性。

一、土掌房空间分布特征

云南按地理空间可划分为滇中、滇东、滇南、滇西等地区，因地理位置和自然条件的差异，各区域的土掌房建筑形式略有不同。

滇中地区以平顶式土掌房为主。该地区属亚热带气候，四季如春，日照充足，干湿季节分明，但总体降水量偏少、气候偏干燥，盆地地形广布，拥有云南省近一半的坝子。楚雄州双柏县、新平县，玉溪市元江县等地的土掌房墙体以胶泥土夯筑，屋顶则采用树枝、撒子、松毛、柴草等材料逐层夯筑而成，具有良好的保温隔热性能，能有效适应当地干湿季节变化。

滇南干热河谷地区同样以平顶式土掌房为主。该地区气候炎热，日照时间长、降雨量相对较少，典型村落有泸西县城子村。土掌房建筑以当地生土材料砌筑，施工工艺简单，但隔热性能突出，有效阻隔炎热干燥气候带来的热量。建筑布局合理利用坡地地形，屋顶平台层叠交错，既满足了居住需求，也体现出显著的地形适应性特征。

而滇南降雨相对较多的山区，如红河州元阳县、红河县等地的哈尼族聚居区，则更加强调民居的防雨排水性能。当地哈尼族居民在传统平顶土掌房基础上，通过加建或改造，形成四面坡度明显的茅草顶，建筑整体呈圆形或近圆形，顶部略窄、底部宽大、外形圆润，俗称"蘑菇房"，能有效实现雨水快速排放，并具备良好的通风散热性能，较好地适应了滇南地区雨季集中、气候炎热的环境特点。

滇西北地区以土库房为主，强调防寒性能与藏族传统的融合。该地区主要为藏族聚居区，气候寒冷干燥，冬季漫长，主要包含迪庆州德钦县、香格里拉市（原中甸县）等地。该地区土库房墙体加厚，以石材与夯土混合建造，屋顶亦采用较厚的夯土层，并辅以木材支撑体系，房屋的结构稳定性和防寒保暖性能突出。土库房与当地传统藏族建筑"碉"的形态深度融合，体现了建筑对高寒气候和民族文化的综合适应性。

土掌房在空间分布上与云南各民族聚居分布紧密相关，尤其在彝族聚居地区更为集中。彝族一般分布于山区或半山区，由于山区的平整土地稀缺，彝族先民创造性地发明了独具特色的土掌房。至今，这一民居形式仍广泛存在于滇中及滇东南一带的彝族、哈尼族聚居地区，主要分布在金沙江流域和红河流域的干热河谷地区及高寒少雨山区[6]，尤其以哀牢山一带最为集中。土掌房建筑类型较多，也有其他少数民族的民居建筑吸收了土掌房的元素，因此在非彝族聚居地区也有少量分布。一般而言，平顶土掌房主要分布在滇中、滇南地区，如泸西、双柏、新平、元江、元阳等彝族聚居地区；蘑菇房主要分布在滇南地区，如元阳、红河等哈尼族聚居地区；土库房主要分布在滇西北地区，如德钦、香格里拉等藏族聚居地区（图1-1）。居住于红河上游滇中地区的傣族，在借鉴彝族土掌房建筑形式的基础上融入了自身的民族文化，形成了独具特色的傣族土掌房类型。目前土掌房在云南的主要分布区域、涉及民族、民居类型、典型聚落以及海拔如表1-1所示。总体而言，土掌房在云南的空间分特征表现为在滇中、滇南地区集中分布，滇西北地区零散分布；高寒、干热地区集中分布，温和、温热地区零散分布。

 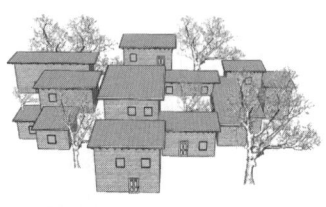 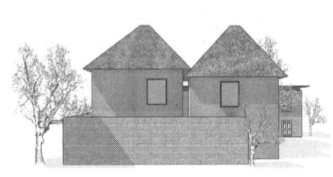

①滇西北土库房
地域类型：干冷气候
分布地区：滇西北（德钦、中甸等）
主要民族：藏族
平均海拔：2400~3000m

②滇中、滇南平顶土掌房
地域类型：干热气候
分布地区：滇中、滇南（泸西、双柏、新平等）
主要民族：彝族
平均海拔：500~2334m

③滇南蘑菇房
地域类型：干热气候
分布地区：滇南（元阳等）
主要民族：哈尼族
平均海拔：140~2940m

图1-1 土掌房的主要类型

各类土掌房空间分布　　　　　表1-1

分布区域	民族		民居类型	典型聚落	海拔
滇西北高寒地区	德钦	藏族	土掌碉房	德钦县佛山乡溜筒江村	2400~3000m
滇西北寒温地区	丽江	纳西族	土掌房	金沙江沿岸纳西族村落	1000~2500m
滇中温和温热地区	玉溪	傣族	结合干栏式建筑元素的傣族土掌房、单体式、内院式	新平县漠沙镇曼竜村	500~2000m
	楚雄	彝族	平顶土掌房	双柏县安龙堡乡安龙堡村	550~1800m
滇东南、滇西南湿热温热地区	德宏西双版纳		—	—	—
滇南干热地区	元阳普洱	哈尼族	蘑菇房，由四坡屋面的草顶和土掌房平顶结合	墨江县那哈乡勐嘎村	1000~1500m
	红河	彝族	平顶土掌房	泸西县永宁乡城子村	850~2500m
滇东北温和山区	昭通		—	—	—

（表格自绘，主要内容参考《中国传统建筑解析与传承 云南卷》[7]）

二、土掌房垂直分布特征

云南省海拔较高，内部地势起伏较大，不同海拔的自然环境和气候类型迥异，土掌房为适应当地独特的自然环境和气候类型，功能与所处高程有一定的对应关系。

低海拔地区（海拔500m以下），如元江县、红河县等地，气候炎热。当地的土掌房为适应高温气候，通常结合底层架空的干栏式结构，或在墙体上预留通风孔洞，墙体较薄，屋顶夯土层也较薄，以增强房屋的通风散热性能，改善炎热气候下的室内居住环境。

中海拔地区（海拔500～1500m），如元谋县、双柏县、新平县等地，昼夜温差大，冬季寒冷风大，夏季炎热干燥，地势坡度明显。当地居民因地制宜，充分利用山地地形进行逐级退台设计，使建筑屋顶形成宽敞的平台，兼具晾晒农作物、储藏物资等多种功能，有效解决山区缺乏平整土地的问题，体现出较强的地形适应性与功能实用性。

高海拔地区（海拔2000m以上），如德钦县、香格里拉市等地，气候严寒，冬季漫长。当地居民在传统夯土建筑基础上进一步加厚墙体，屋顶结构也得到改良，通常采用石材与夯土混合结构，并增加室内取暖设施，如火塘、烟道等，以抵御寒冷。

总的来说，云南省土掌房建筑在垂直分布上主要集中于500～1500m中海拔地区，而在500m以下的低海拔和2000m以上的高海拔地区零星分布。低海拔强调通风散热，中海拔突出坡地适应性与平台功能，高海拔则强调墙体加厚、防寒保暖和取暖设施的改良。空间分布上主要集中在滇中、滇南的彝族和哈尼族聚居地，而滇西北藏族和滇中、滇南傣族聚居地则呈零星分布，形成"大分散，小集中"的空间格局特征。这种空间格局特征是土掌房传统民居对云南本地不同区域气候、地形、建筑材料、民族、文化等地域因素的适应结果，具有较强的适应性规律。

第二章 云南土掌房文化景观特征

一、云南土掌房的建筑发展

（一）彝族土掌房

彝族源于古代与氐羌系统有渊源关系的"叟""昆明人"。到唐代南诏国时期，分化组成"乌蛮"，是今天彝族的先民。到元朝时，"乌蛮"被普遍称为"罗罗"，清代称"倮倮"，主要聚居在川、滇、黔交界地带。建水县彝族是在清雍正七年（1729年）至乾隆三十九年（1774年）间，先后从今元江、元阳等地迁入的[8]。

在历史变迁中，彝族经历原始社会、奴隶社会和封建社会三个时期[9]。公元8世纪到10世纪，彝族的统治者建立了南诏奴隶制政权，此时中原正值唐朝时期，社会、经济、文化空前发展，人们交流更加密切，建筑较为宏伟壮观。元朝时期，中央在彝族聚落的路、府、州设立"土官"，在大理的统治下农奴制进一步发展。明朝时期，云南彝族与汉族混居，进行"军屯"，这促使封建地主制度的发生和经济的发展。明朝中期之后，彝族土司开始被"改土归流"，农奴制被封建地主制逐步取代。由于彝族地区社会生产力发展不平衡，以致云南的大部分彝族地区为封建地主制，边疆少部分地区为封建领主制，还有一部分分布在云南小凉山地区为奴隶占有制。

云南少数民族建筑形式随历史变迁不断演化。据考古发现，在新石器时代，由于建造技术的限制，建筑以简单的木构架房屋为主，然后演化为圆形半穴居。当人类脱离洞穴居之后，就向两个方向发展：一是向树上的巢居发展，再演化为现今尚存的傣、景颇等民族的干栏式建筑和井干式建筑[10]；二是由半穴居窝棚到地面木骨泥墙土房，再到土掌房。两种演变都是随着社会经济发展和生产技术提升而产生的，彝族的土掌房也是经由这样的演变形成的。当半穴居向地面建筑过渡时，在云南地区就已有地面建筑的房屋遗址。如楚雄彝族自治州元谋县大墩子遗址，建筑采用简单的实木搭建房屋，房屋为矩形，室内开阔无柱子，并采用竹木篱笆草泥做墙体，横向架擦，纵向搁椽，其上架用树枝铺盖且用草泥抹平后形成的屋顶、墙壁均要经过火的烘烤，这是土掌房的一种原始形式，其中并没有夯土筑墙技术的参与。伴随建造技术的进步，夯土技术的出现，以及梁柱对屋顶承重能力的提升，一方面展现出夯土建造的实用性，另一方面展现出夯土墙的耐用性及对自然环境的适应能力。彝族先民们用智慧从自然、民族文化和审美的角度创造演化土掌房，并随着居民对生活的不断追求，土掌房的形式变得多样，结构也变得复杂（图2-1）。至今，土掌房仍然是滇中南地区彝族的主要民居建筑。

图2-1　云南彝族土掌房

彝族的土掌房最典型要数云南泸西县城子村的土掌房。城子村的历史十分悠久，史载：西汉元鼎六年（前111年），建漏江县，隶属牂牁郡。蜀汉建兴三年（225年），漏江地域改属建宁郡。唐武德元年（618年），改设陇堤县隶属郎州。开元十八年（730年）南诏政权建立后，本境系东爨乌蛮三十七部中的弥鹿部（阿庐部）地，为羁縻州，隶属黔州都督府。宋宝祐五年（1257年），蒙古兵平云南，阿庐部归顺蒙古政权，隶属落蒙万户府。至元十二年（1275年），置广西路，辖弥勒、师宗两个千户，隶属云南行中书省。明洪武十五年（1382年），改广西路为广西府，以土官普德置府事。洪武二十一年（1388年）者满作乱，平乱后，其职位由子昂觉继袭。时至广西府第五代土官知府昂贵于明成化九年（1473年）袭职。由于昂贵土司府的存在，使城子村成为当时滇东南政治、经济、文化中心之一[8]。1949年1月初，中国人民解放军滇桂黔边区纵队前委在此成立盘北指挥部，指挥泸西、陆良、师宗、弥勒、路南等县的武装斗争。1949年2月6日，中共泸西县委在永宁城子村正式成立，同时成立泸西县解放委员会，行使县人民政府职权。

城子村原本就是一座城，在村子北面，至今还留存有城门与护城河的遗迹。早在明代，彝族先民们就在这里耕种劳作，起房盖屋。据说在昂贵土司鼎盛时期，城中住户达1200多户，土司府的衙门就建在山顶上，威震四方。靠近土司府的江西街房屋林立、店铺相接，其具有很大军事价值的村落格局和独特建筑风格的民居为人们所感叹。有人认为，宁蒗县泸沽湖畔摩梭人的婚姻生活是原始"走婚制"的化石，泸西县城子村的土筑房则是原始唯美主义建筑的琥珀[11]。

（二）哈尼族蘑菇房

哈尼族大部分源于南北朝至唐初的民族分化中，从麵、叟、昆明等族中分化出来的"和蛮"。哈尼族，同彝族、拉祜族等民族均属于古代羌族的部落，具有古羌人由北向南迁徙到滇南，"从游牧到稻作""从随畜迁徙到耕田有邑聚"的过程。隋唐时期，哈尼族和彝族的先民被称作"乌蛮"。唐朝初年，"和蛮"民族分布在东西两大片区域，东部一片的"和蛮"以孟谷悮为大首领（大鬼主），与"乌蛮""白蛮"等民族共同杂居在接近当时安南都护府的地方，即今文山、红河州一带；西部一片的"和蛮"以王罗祁为大首领，居住区域与西洱河（洱海）相近，即今楚雄州南部至思茅地区一带，其东边与孟谷悮统辖的地区相连接，今绿春县境恰是东西片相接处。南诏时期，就有少数"和蛮"氏族、宗支小村社，自东、西两片迁入，其中来自东片的为早居多。后期随着地方的转移及政治、经济、文化的发展，大量先民逐渐放弃了原有的游牧文化移民到云南，吸收并发展了当地"夷越"民族的水稻农耕文化，与当地居民大融合，演变成新型农耕民族，促进地方社会经济发展[9]。哈尼族人民善于创新勇于吸收各民族文化，在结合地方特色和适应自然环境的基础上，创造出博大精深、历史悠久的哈尼住屋文化。

哈尼族的传统建筑类型包括：茅草房、蘑菇房、干栏房、封火楼、土掌房、瓦房和土司政权的司署建筑等。土掌房、封火楼和蘑菇房属于邛笼谱系建筑，其中蘑菇房和土掌房是哈尼族最典型的建筑形式（图2-2）。邛笼建筑的土掌房源于古代羌人族群部落，是哈尼族建筑的原型，蘑菇房和封火楼是对原有建筑的创新。哈尼族文化的发展经历了三次重要的转型，其住屋的形式也有所变化[12]。游牧向农耕的转变，使梯田成为新的文化结构，哈尼族的传统土掌房为适应哀牢山一带降雨充沛、多雨潮湿、谷壑幽深的自然环境变化，创造性地改用木构土墙、

图2-2　云南哈尼族蘑菇房

四坡草顶的蘑菇房。直至今日，由于蘑菇房防雨抗洪能力强，且能够就地取材、易于修缮来延长房屋的使用年限，建筑可以一直沿用。

随着现代社会的发展，人们的需求不断提升，蘑菇房的空间形态也发生了改变，主要表现为牲畜房位置变更、蘑菇草顶坡度减缓、粮仓晒台职能转变。因养殖规模的减少，原本下畜上人的养殖模式被废弃，将牲畜房的位置腾出作为居民的空间；屋顶的坡度减缓以适应全球气候变暖后的干燥气候，改变了之前应对多雨环境的蘑菇草顶；粮仓晒台的职能转换，将原本储粮的晒台转为晾晒衣物和堆放生活用品的平台[12]。蘑菇房发展到今天，是哈尼族为适应不同环境创造的产物，同时也是适应现代社会发展的需求，是文化的延续、人与自然的共生。

（三）藏族土库房

藏族发源于青藏高原。大约在春秋战国时期，古羌人从今天的甘肃、青海一带南下，沿横断山各条江河向南、向西迁徙。羌人的原始部落经过迁徙发展，在吐蕃的北部和西部先后组成吐谷浑、苏毗等部落，最后被吐蕃王朝征服，同化融合形成共同地域、语言、经济、生活习俗的民族共同体,当时称之为"博",即藏族[13]。

云南藏族的历史可追溯到公元7世纪初,松赞干布统一青藏高原的各民族,唐太宗李世民封李氏为文成公主并远嫁,唐蕃自此结为姻缘之好,促进两国的经济发展与和平稳定。唐天宝十年(公元751年)南诏与唐失和,开始汉藏"茶马互市"。云南藏族的雏形与吐蕃存在千丝万缕的联系。吐蕃入滇并定居滇西北,并与各当地的部落不断融合,成为云南藏族的先民。元朝在云南正式设立中书省,并在香格里拉一带设宣慰司,由宣政院直接管理。由于藏传佛教的盛行,当地实行政教合一的管理模式,加强了各地区的文化交流与互通[14]。明朝时期,丽江木氏土司势力强大,茶马互市也越来越繁荣。清朝雍正年间,香格里拉一带重新划归云南所属,并开始实行改土归流,商贸繁盛,文化多元。民国时期,民族交往日益紧密,工艺技术水平显著提升,住屋文化不断发展[15](图2-3)。

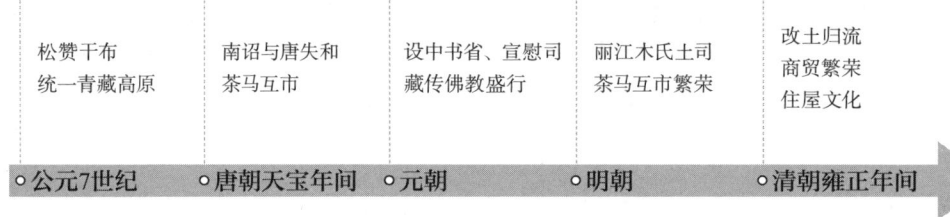

图2-3 云南藏族历史的演变

藏族的建筑形式受藏民族与藏文化、藏传佛教影响较大。8世纪时佛教传入西藏,经过"前宏期""后宏期",到13世纪,带有青藏高原浓厚地区特点和民族特点的藏传佛教便已形成[16]。土库房在藏区有着深远的历史渊源,属邛笼谱系民居,汉语之义为"碉楼"。受藏文化影响,建筑形式为适应自然气候特点,封闭性强、保温御寒效果好。土库房屋顶都为晒台,供晾晒粮食之用,建筑多为三层,室内布置和立面颜色皆有民族观念的痕迹(图2-4)。

图2-4 云南藏族土库房

（四）其他地区的土掌房

其他地区的土掌房受不同地域历史因素的影响，呈现出多民族融合的形式。元江、红河、绿春、楚雄等地彝族的民居大体可分为：土掌房，即密楞上铺柴草抹泥的平顶式房屋；瓦房（包括草房）；木楞房，即井干式房屋[9]。在经济不发达的山区，大多就地取材，如黏性沙土；森林密布的边远山区，则多是木楞房。伴随经济及生活水平提升，土掌房建造水平较高，多为瓦房，院子较大，空间开阔，土掌房呈现多样化特点。以建水县苍台村的土掌房为例，苍台村隶属于云南省红河州建水县官厅镇，其历史可追溯至清代初期，是国家首批传统村落和省级历史文化名村。村庄坐落于半山腰的平台之上，因此得名"仓台"，意为存放粮仓之地，后逐渐书写为"苍台"，居民多为彝族尼苏人，有两百多户人家[17]。因其生活方式、建筑风格等受汉文化影响，当地民居表现出汉族与彝族交融的独特民族特色，采用厚土坯墙，由上至下层层垒叠而成，采用平顶的形式、错落有致[18]（图2-5）。

图2-5　苍台村土掌房

二、云南土掌房所在地域文化特征

"地域"广义指土地范围、狭义是本土乡土，是自然要素和人文因素相互作用形成的综合体。地域与人们的生活习性相结合，形成一定范围内的"地域文化"，历史遗存、文化形态、社会习俗和生产生活方式等构成地域文化的内容，是一种从古到今的文化沉淀。地域特征主要从地形地貌、气候条件两方面呈现，地域特征的差异性决定了村落建筑类型的差异性，体现出不同环境的建筑生态功能[19]。

（一）滇中、滇南土掌房所在地域特征

滇中、滇南地区分布的少数民族有哈尼族、傣族、彝族、壮族等。在滇中、滇南复杂的地理条件和干热的气候环境的影响下，形成了各具特色的民居形式和不同的民族文化。滇中、滇南采用土掌房作为民居建筑的民族有哈尼族、彝族及傣族，土掌房作为他们的生活空间，是各民族文化的一个缩影（表2-1）。

滇中、滇南地域特征　　　　　　表2-1

特征类型	描述
地形地貌	滇中地区：属于典型的高原盆地，地势起伏平缓 滇南地区：地势复杂多样，西北地势高，东南地势低
气候条件	滇中地区：典型的亚热带高原季风性气候，昼夜温差较大，干湿季节分明 滇南地区：气候复杂多样，高原气候、南亚热带与北热带交替，降雨分布不均匀
生产方式	彝族：农、林、牧为主的自然经济。兼具山地稻作文化与平坝水稻文化的农耕文化 哈尼族：从事农业生产、手工业生产及畜牧业。水田耕种特有梯田景观与稻作文化；旱地种植采用"刀耕火种"的生产方式 傣族：以传统农业为主，主要种植水稻、热带水果、甘蔗等作物
语言	彝族：语言属于汉藏语系藏缅语族彝语支东南部方言 哈尼族：没有文字，语言靠口口相传的方式沿袭至今 傣族：没有文字，傣语属汉藏语系壮侗语族壮傣语支，各支系之间的语言音调略有差异，但语言相通
服饰	彝族：男子把青色的布缠在头上，裹绑腿、腰间佩刀；女子将线穗和发辫编织盘在头顶，并在头部左右各用一朵大红绒花装饰 哈尼族：男青年喜欢白衬衣配蓝色上衣，并且在领口、袖口留白边；少女多垂辫，头戴青布或蓝布制作的小帽 傣族：男子衣着为黑色圆领对襟衫，大腰打折裤，戴黑檐帽或以黑纱巾包头。傣雅、傣卡、傣洒女子头包绣有花纹图案的青布头帕，内穿青色无袖领褂上衣，外罩同色无领对襟衣，内褂前胸部缀满银泡花饰
节庆	彝族：火把节和冬月节，歌舞形式有花鼓跳乐、花腰烟盒舞、花鼓舞等 哈尼族：十月年和六月节，制作糯米粑粑、举行街心宴、骑磨秋 傣族：泼水节、端午节、花街节，花街节主要庆祝形式为蒙面对情歌
民族信仰	彝族：多神崇拜、祖先祭拜和图腾崇拜 哈尼族：自然崇拜、祖先崇拜以及灵魂崇拜 傣族：崇拜天神、地神等
建筑文化	彝族：住房以平顶土掌房为主，选址多选在依山临田的位置 哈尼族：传统住宅以蘑菇房为主，有竹顶房和平顶楼房其他类型 傣族：土掌房以土木结构为主，同时加入傣族特有的竹子

1. 自然特征

滇中地区包含昆明、曲靖等四个主要城市，面积约10万km^2。属于典型的高原盆地，地势起伏平缓，集中了云南全域将近一半的平地。滇南地区包含红河、

普洱等五个主要城市，地势复杂多样，有山地、盆地等，西北地势高，东南地势低，海拔范围高至3074m，低至76m。滇南地区红河、南盘江坡度大，河床水位变化大，河道弯曲复杂。

滇中地区属于典型的亚热带高原季风性气候，昼夜温差较大，干湿季节分明，气温随地势垂直变化，冬春期间年均温差在10℃之间。滇南地区气候复杂多样，高原气候、南亚热带与北热带交替，降雨分布不均匀，5~10月降雨量占全年降雨的80%以上，南北降雨不均，南部的降雨高于北部（图2-6）。

图2-6　滇中、滇南土掌房所在地域自然特征

2. 生产方式

彝族、哈尼族及傣族受地理条件客观因素影响，在生产方式上长期维持着简单的稻作农耕文化，并因地制宜地营造出梯田等独特的人文景观，同时辅以手工业、畜牧业等方式，丰富了当地的劳作文化。

彝族多居住于山区与半山区，形成了以农、林、牧为主的自然经济模式。滇南一带的城子村彝族早期以山地农耕为主，后受汉族稻作文化的影响，逐渐形成了融合山地稻作文化与平坝稻作文化的独特稻作农耕文化。

哈尼族以传统农业为主要生产方式，哈尼族人民建造的哈尼梯田已被列入世界遗产名录，该梯田文化景观由灌溉稻田、森林覆盖以及遗产区内82个哈尼族传统农业村庄组成[20]。哈尼族的传统居住地集中在哀牢山山区，哈尼族人民善于农耕和水利建设，通过建造梯田和灌溉系统，充分利用山地资源，形成了独特的景观体系。梯田不仅是哈尼族农耕的主要方式，更是哈尼族文化的重要标志之一[21]。哈尼族农耕方式又分为水田耕种和旱地种植，为了保证在平坝地区产出优质的稻谷，哈尼族把坡地层层劈成梯田，形成独特的梯田景观与稻作文化；而旱地种植仍采用"刀耕火种"的方式，主要种植玉米、小麦、高粱等作物（图2-7）。

①②城子村山地稻作文化与平坝水稻文化的农耕文化
③哈尼族梯田景观与稻作文化

图2-7 滇中、滇南土掌房居民生产方式

元江河谷地带分布的傣族凭借地理优势,主要种植水稻、热带水果、甘蔗等作物,生产方式仍以传统农业为主。

3. 语言

彝族语言属于汉藏语系藏缅语族彝语支。红河流域境内有两个方言区,包括以弥勒为代表的中南部方言以及以石屏为代表南部方言,尽管不同方言区的语言有差异,但彝文的基本语法结构基本相同。彝族的撒尼到现在仍沿用彝文,用彝文编撰的文献主要有《彝族创世记》《指路经》等(图2-8)。哈尼族没有本民族文字,哈尼族的语言靠口口相传的方式沿袭至今。哈尼族语言属汉藏语系藏缅语族彝语支,不同境内的哈尼族形成区域特有的方言。傣族没有文字,傣语属汉藏语系壮侗语族壮傣语支,各支系之间的语言音调略有差异,但语言相通。

图2-8 彝族文字

4. 服饰

滇中一带泸西县的彝族主要有黑彝、白彝、阿乌、撒尼、阿细等支系，这些支系通过追溯历史均是"乌蛮"的后裔。由于支系种类繁多，每个支系的服饰也各具特色。例如白彝就分为尖头彝、平头彝和小白彝，尖头彝男子把青色的布缠在头上，外穿麻布对襟衣和短褂，短褂上有绣花边缀银扣，同时，男子还裹绑腿并腰间佩刀，女子则将线穗和发辫编织盘在头顶，并在头部左右两边各用一朵大红绒花装饰。

哈尼族男女喜欢青色的服装，哈尼族男青年喜欢白衬衣配蓝色上衣，并且在领口、袖口留白边，老年男子则喜欢瓜皮小帽。女子的服饰因为年龄、婚嫁等因素而有所不同，少女多垂辫，头戴青布或蓝布制作的小帽，上镶银泡、料珠，或者缀上许多彩色丝线编织成的流苏；生育后的女子，多将发辫缠绕于顶，用青布或蓝布缠头。

傣族男子衣着为黑色圆领对襟衫，大腰打折裤，戴黑檐帽或以黑纱巾包头。傣族女子服饰因为支系不同而有所差异，傣雅女子头包绣有花纹图案的青布头帕，内穿青色无袖领褂上衣，外罩同色无领对襟衣，内褂前胸部缀满银泡花饰。傣卡、傣洒女装，整体上与傣雅相似。傣洒女服，上衣用花绸缎缝制，前胸到后腰缀满银芝麻铃，头戴镶满银泡、银芝麻铃的环。

5. 节庆

彝族节日比较有名的有火把节和冬月节，农历六月二十四火把节当天，彝族男女老少着盛装进行斗牛、摔跤等节日活动，火把节晚上，人们举火把巡视住宅周围，以驱虫除害，巡视完毕之后人们围在火边，载歌载舞。冬月节除了在绿春和红河的部分县保留之外，其余汉彝杂居的地方由于受汉族文化熏染，已经把冬月节改为春节。彝族节日的歌舞形式比较繁多，峨山县的彝族舞蹈有跳乐、花鼓跳乐、花腰烟盒舞、花鼓舞、武艺、阿乖乐六种；建水、石屏的"海菜腔""山悠腔""四腔""五山腔"四大腔（图2-9）。

图2-9 彝族城子村节庆
（图片来源：中国传统村落数字博物馆）

哈尼族比较隆重的节日有十月年和六月节，部分地区还有以"黄饭节""仰安节""新米节"为代表的三个小节日。十月年节日当天，哈尼族男女穿着盛装，女子负责制作糯米粑粑与团子面，男子则负责宰杀牲畜，共同为盛大的街心宴作准备。六月节哈尼族会砍青松做磨秋，供村里人游玩，除了骑磨秋之外，哈尼族还喜欢摔跤、歌舞。哈尼族舞蹈主要有大鼓舞、扇子舞、罗作舞、碗舞、木雀舞、同尼尼、儿童舞等。

傣族比较隆重的节日有泼水节、端午节以及春节，而元江傣族有"花街节"这一独特节日。花街节一年过两次，分别是正月初七的热水塘花街和五月初七的大水平花街，花街节当天青年男女用精美的花毛巾把脸遮住与其他人对歌，以此表达爱意，因此人们也称为"蒙面的情歌"。

6. 民族信仰

滇中、滇南大多数地区的彝族普遍信仰多神崇拜、祖先祭拜和图腾崇拜，因为地域差异，导致不同支系的彝族信仰略有差异。例如，泸西县的彝族分为白彝、撒尼、阿细、阿乌等支系，其中白彝崇拜"五谷神"，撒尼崇拜"山林神"，阿乌崇拜"多神"，等等[22]。

哈尼族的信仰内容由自然崇拜、祖先崇拜以及灵魂崇拜三部分构成。哈尼族认为万物皆有灵[23]，对信仰的忠诚程度表现在定期杀牲畜祭拜的仪式中，祭拜的神灵有地神"米收"、寨神"普玛"以及天神"摩米"。哈尼族的灵魂崇拜主要表现为对灵魂"约拉"的尊敬，哈尼族人生日时都会举行名为"约拉枯"的叫魂仪式。

傣族崇拜天神、地神等，同样秉承万物皆有灵的观念。傣族有向山神祭祀的习俗，定期向神树、龙树宰杀牲畜献祭，祈求风调雨顺、五谷丰登[24]。

7. 建筑文化

彝族住屋选址多依山临田，平屋顶的土掌房是其主要民居建筑类型，平顶可作为晒场晾晒农作物，既充分利用了空间，又节约了修建晒场的土地（图2-10）。土掌房一般分为三间，中间作会客、祭祀用的堂屋，另外两间作厨房和房屋主人的卧室。受信仰影响，建屋之前彝族人都会

图2-10 土掌房民居屋顶晾晒场地

专门请人选择一个"黄道吉日",安门、上梁等工序一般选在水日,意为用水镇火,可消除"火神"侵扰;而安火塘、打灶台等工序选在火日,寓意生活红火兴旺(图2-11)。此外,土掌房不仅是当地彝族人生产、生活的物质载体,其四通八达的构造还为村民营造了不设防的开放环境,成了村民感情交流、文化展演的天然场域[25]。

图2-11 彝族建筑文化

土掌房聚落最出众的元素是恢宏的建筑造型[26]。从大量文献资料中观察归纳,土掌房建筑空间组合多为"口"形、"回"形、凹凸形等方正样式[27],在建筑空间组合上错落有致。

哈尼族的传统住宅以蘑菇房为主,其民居因其外观近似蘑菇而得名,有学者认为,蘑菇房是哈尼族迁徙至云南哀牢山地区之后,为适应高温多雨的亚热带山地季风气候,对平碉式改进之后的生态建筑类型[28]。除蘑菇房外,哈尼族民居还包括竹顶房和平顶楼房等其他类型,屋顶形式有双斜面和四斜面两种。住屋通常以三间带楼为一栋,中间设为堂屋,右侧房间一分为二,一半用作"掌房",另一半用来打灶;左侧房间一半用作通楼房,另一半供小辈居住。哈尼族村寨中央常会设立一座名为"朵节"的凉亭,寓意五谷丰登、六畜兴旺,体现了哈尼族祈愿平安的美好愿望。

元江傣族的土掌房以土木结构为主,同时融入傣族特有的竹材,尤其在门窗部位可以见到。这种土掌房墙面厚实,烈日晒不热、寒风吹不入、雨水淋不透,所以冬暖夏凉,非常适应元江坝子干热的河谷地带气候[29]。傣族的土掌房一般两至三层,以石头筑基,泥土筑墙其他建筑材料如竹子、稻草等也都是当地取材[30]。这种古堡式的房屋建筑,体现了元江傣族人民的智慧,也折射出他们自我封闭的心理状态[5]。

彝族、哈尼族和傣族的语言、服饰、节庆、民族信仰与建筑文化,集中展现了各民族的特色文化与审美情趣。房屋选址、空间布局、开工动土等流程均能体现其民族习俗,呈现出具有人文性、时代性和历史性的文化特征。

（二）滇西北土库房所在地域特征

滇西北地区民居建筑主要由井干式和土掌房组成[31]。滇西北藏区的土库房,是藏族人民在自然性、社会性以及观念性适调过程中创造的物质文化实体,具有有形文化属性。藏族人民的生产方式、生活习俗潜移默化地影响着住屋的功能和布局。土库房民居建筑反映该地藏族异于其他地区、其他民族的风俗、习惯,具有行为文化属性[32]（表2-2）。

滇西北土库房所在地域特征总结　　　表2-2

特征类型	描述
地形地貌	香格里拉:地处香格里拉大雪山南缘,青藏高原东南部。地形由西北向东南倾斜。峡谷、河流相间并列,北高南低 德钦:地处青藏高原南延部分,横断山脉中段,两江(金沙江、澜沧江)峡谷褶皱带
气候条件	香格里拉与德钦在海拔3000~4000m,气候高寒,冬干春旱 在海拔1560~2100m的澜沧江、金沙江为干热河谷地区,降水量较少,太阳辐射强烈
生产方式	农牧混合型生产方式。主要粮食作物有青稞、马铃薯、小麦、芫菁等,牧业主要是养殖牦牛、羊、猪等
语言	藏语属汉藏语系藏缅语族藏语支,分为卫藏、安多、康巴三大方言区,滇西北地区藏族的藏语都属康巴方言,文字通用藏文
服饰	藏族服饰有长袖、宽腰、大襟的特点,高原地区冬穿长袖长袍,多用动物皮毛制品,夏穿无袖长袍,方便中午气温升高时脱掉一只袖子;河谷地区气温高,藏族服饰相对轻薄
节庆	藏历年,即僧侣新年。主要形式包括诵经、布施等 格冬节,主要形式包括跳神驱鬼、祈福等
民族信仰	藏民最初的民族信仰为苯教。佛教的传入弥补了苯教对于自然崇拜的不足,佛教也开始慢慢藏化,最终形成云南藏区普遍信奉的藏传佛教
建筑文化	顶层为神居住的地方;火塘是火神憩息之地;中堂正中竖立的中柱是人与神的通道。红色只能用在护法神殿和灵塔殿外墙上;白色用在居住型建筑外墙上,表示圣洁。装饰一般从自然、动物、植物、山水、器物中提取元素,也有程式化的几何图样

1. 自然特征

滇西北的土掌房又称为土库房，主要分布于滇西北迪庆州的德钦县及周围的藏族村庄，如巴迪、江坡、茨中等村，在香格里拉市也有少量分布，如东旺、尼西等干热河谷地区。香格里拉高原地处香格里拉大雪山南缘，青藏高原东南部。地形由西北向东南倾斜，金沙江环绕县境西南至东南，在南端形成长江第一湾。峡谷、河流相间并列，北高南低[33]。

德钦县地处青藏高原南延部分，横断山脉中段，两江（金沙江、澜沧江）峡谷褶皱带，德钦县境东临香格里拉市，并与四川省巴塘县、得荣县隔江相望，南与维西县犬牙交错，西与西藏自治区左贡县、芒康县接壤，并与贡山独龙族怒族自治县毗邻[34]。

香格里拉市大中甸、小中甸坝子，维西县栗地坪坝子、雪龙山坝子，德钦县西山及羊拉区和云岭区坝子海拔3000～4000m，气候高寒，年均温5.4℃，8.5个月是严冬，年降水量600mm，冬干春旱，日照时数2200小时。

海拔1560～2100m的澜沧江、金沙江、永春河、腊普河两岸的平坝、缓坡台地，东旺河、格咱河、硕多岗河、格基河、尼汝河流域的谷地为干热河谷地区，年均温十几度；降水量较少，年雨量300～500mm。太阳辐射强烈，光照充足，全年高温燥热，属于山地河谷亚热带气候。

2. 生产方式

滇西北地区较高的海拔和高寒干旱的气候产生出了农牧混合型生产方式。主要粮食作物有青稞、马铃薯、小麦、芜菁，牧业主要是养殖牦牛、羊、猪等。德钦县奔子栏周边以及东旺河、格咱河谷位于干热河谷地区，全年处于高温燥热干旱状态，属于亚热带山地粮油作区。东旺地处东旺河谷横断山脉断层地带，相对高差约2600m。农田村舍分布于东旺河沿岸偏坡、谷地、台地，山多地少。农点和牧点大多在地势较为平缓的地带，且大多分布在聚落周边，个别处在远离聚落的山岔口等地[35]。香格里拉市大中甸、小中甸坝子，德钦县西山及羊拉区和云岭区坝子农作物主要有青稞、马铃薯、荞子、油菜、芜菁；由于山溪和地下水丰富，高山牧场和林间草地分布广阔，优质牧草多，这个区域是滇西北藏区畜牧业的重要基地[36]。当地民居为合理利用草地分布广阔、阳光充足、光质好的条件，将底层作畜厩养殖牛、羊等，楼顶设为土掌平台，可供晒粮、谷物脱粒及休闲散步（图2-12）。

① 楼顶土掌平台
② 牧场
③ 民居三层立面图

图2-12　滇西北土掌房居民生产方式

3. 语言

藏语属汉藏语系藏缅语族藏语支，分为卫藏、安多、康巴三大方言区，滇西北地区藏族的藏语都属康巴方言，文字通用藏文。部分地区的傈僳族在与其他民族的交往中，主动吸收以藏语为主的其他语言成分，形成了其独特多元杂糅的语言使用现象[37]。

4. 服饰

地理环境使民族服饰呈现多样性特点[38]。藏族服饰有长袖、宽腰、大襟的特点，高原地区冬穿长袖长袍，多用动物皮毛制品，夏穿无袖长袍，方便中午气温升高时脱掉一只袖子；河谷地区气温高，藏族服饰相对轻薄[39]。东旺、格咱乡大部分妇女，习惯穿毛布双襟连衣裙，节庆时穿氆氇连衣裙，平时劳动多穿兽皮贯头长褂。20世纪80年代后，滇西北藏族的服饰发生很大变化，除了部分老年人外，中青年大多改穿汉式服装，藏装只在节日喜庆时穿戴，每家都备有一两套较贵重的藏装。

5. 节庆

滇西北地区藏族节庆受信仰影响，以往主要是围绕寺院举行，现重建并修缮了松赞林寺，每年会邀请各族人民、政府及有关单位到松赞林寺与僧众共同欢度节庆。当地主要节庆有藏历年和格冬节[40]。

当地称藏历年为"阿达拉斯"，即僧侣新年。从前，每年初一、初二，松赞林僧侣们便会在本分寺内和大寺扎仓中诵经，接受管事们的布施。初三，各康参格干在本康参大殿中举行盛大宴会，宴请本教区的"二十三员官"、亲朋好友及群众，下午在寺前平坝中赛马。如今只在寺内举行。藏历冬月二十六日和二十九日为格冬节，在这一天松赞林寺会举行跳神驱鬼活动，僧人们戴着面具跳神，面具主要有牛头、乌鸦、马鹿等，庆贺当年丰收昌顺，祈求来年太平昌盛，藏区群众都来观看[15]。

6. 民族信仰

民族信仰是藏族人民长期以来的精神寄托，承载了藏族人民传统精神文化的核心。藏民最原始也是最初的民族信仰——苯教，是由于人们对自然的原始崇拜经过长期发展慢慢形成的。佛教的传入弥补了苯教对于自然崇拜的不足，同时佛教也开始慢慢藏化，形成云南藏区人民普遍信奉的教派——藏传佛教[41]。自然崇拜构成藏族传统文化的重要组成部分。所传达的内涵之一是人与自然合作，力求降低对生态环境的破坏。取之自然而回报自然的观念，有效约束人们的社会行为，达到人与自然和谐共处的目的[42]（表2-3）。

藏族自然崇拜与其在民居中的表现[33]　　　　　表2-3

自然崇拜	表现
山崇拜	依山而建，建筑形式形体上如大山一样稳固雄壮，建筑朝向一般面向心中的神山
树崇拜	节制砍伐、充分利用树木，依据材料分类使用，将木材分为薪柴和建房用材，即使是伐树造房，也必须举行相应的祭祀仪式
水崇拜	在藏族民居的堂屋中，设置水缸亭、悬挂众多的银质水瓢、摆放大小不一的水壶

7. 建筑文化

滇西北藏区的土库房，在选材、形式、结构、装饰、建造方面都蕴含着丰富的藏族文化内涵，住屋空间布局与民族习俗都体现着独特的宗教信仰。藏族人民的三界空间观认为顶层最重要，为神居住的地方，楼层往下依次为人、鬼。顶层最接近天空，经堂、客厅、净室等与宗教信仰活动相关的场地必须在第三层。在民居的顶部一般有经幡、煨桑炉等，以便在最接近上天的地方做宗教仪式，达到与神灵沟通的天梯作用。人们主要的活动空间在中间层，该层中堂最为尊贵。底层为畜厩，卫生条件差[14]（图2-13）。

① 中柱
② 装饰
③ 火塘
④ 水缸

图2-13　滇西北土库房建筑文化

在土库房堂屋中，火塘是重要的组成部分，以火塘为中心在堂屋中形成的火塘空间，是全家人生活起居和娱乐的主要场所。火神为藏传佛教中前苯教众神之一，藏民认为火神是家庭的守护神，火塘是火神的憩息之地，是尊贵而神圣的，方位代表地位。火塘的火终年不息也是受神灵崇拜思想的影响。在云南有些少数民族中，把火塘的不熄火比作家中不断的"香火"，象征繁衍[43]。

中堂正中竖立着一根中柱，本是结构的需要，但在藏民观念中，却把它视为人与神的通道，是神圣在民居空间中的体现，也是家庭团结和财富的象征[44]。德钦县的中柱一般为方形截面，香格里拉市的中柱截面多为圆形。中柱崇拜的根源在于"树"崇拜。他们虔诚地相信："树"的生命还在"柱"中延续，而且是家庭兴旺发达、生命永远不息的标志[45]。藏民往往以中柱的粗细评论房子的气魄、牢靠以及主人的贫富，故而对中柱的选材特别追求粗大，并作华丽装饰[16]。

民居装饰是民居建筑中最为亮丽的一道风景（图2-14）。藏族民居的色彩和图腾与藏族文化有千丝万缕的联系，可以追溯到藏族的地域环境、宗教信仰、等级意识以及民族风俗。藏族最重视白、红两色，红色只能用在护法神殿和灵塔殿的外墙上，白色用在居住型的建筑外墙上，一方面是因为藏族尚白，用白色表示圣洁，另一方面，与建筑局部构件的纯色装饰及环境固有色形成对比效果，符合民族性格及审美观念[14]。

在滇西北藏区民居门饰的装饰题材中，有关自然界物种写实或变形的图纹占相当大比例[46]。装饰一般从自然、动物、植物、山水、器物中提取元素，也有程式化的几何图样。最常见的藏居装饰图案为吉祥八宝。另外，民居建筑装饰中大

图2-14 建筑装饰

量使用牛头,牛与迪庆藏族的生产、生活密不可分,在藏民的生活中占有重要地位。在藏区的藏民家中,或院门或梁头,会挂着一个牦牛头骨,以保护家养牲畜的平安。

第三章 云南土掌房聚落及其人居环境

一、云南土掌房聚落与自然环境

聚落名称	海拔（m）	坡度（°）	坡向	主要民族	人口规模	村域面积（km²）	建设规模（m²）	山水格局
红河州建水县官厅镇苍台村	2000	0～17	西南	彝族	1157人	16.31	64786.81	田—村—田—林—水
红河州泸西县永宁乡城子村	1500	9～20	东北	汉族、彝族	204人	—	59416.77	田—村—田—水
红河州石屏县牛街镇老旭甸村	1400	0～13	东南	汉族	2552人	37.68	30338.94	林—村—田
玉溪市元江县澧江街道者嘎村	602	0～8	西北	傣族	620人	38.35	41656.93	田—村—水
红河州元阳县多依树村普高老寨	1870	16～25	东北	哈尼族	619人	1.83	195317.06	林—村—田—水
玉溪市元江县洼垤乡坡垤村	1500	16～27	西北	彝族	755人	4.5	22706.9	水—田—村—林
楚雄市南华县马街镇诸葛营村	1660	0～23	东北	汉族、彝族、白族	1424人	12.86	—	—
玉溪市峨山县塔甸镇亚尼村	1430	0～13	西北	彝族、汉族、哈尼族	2262人	1.33	32246	林—水—村—田
楚雄市双柏县安龙堡乡安龙堡村	1820	0～13	东南	彝族、汉族、哈尼族	1903人	46.37	184514.1	林—村—田
玉溪市峨山县富良棚乡咱拉黑村	1926	19～28	西南	彝族	518人	15.87	87599.55	林—田—村—田
迪庆州香格里拉市尼西乡汤堆村	2960	0～11	西南	藏族	809人	1.66	251904.01	山—水—村—林

（一）红河州红河县宝华乡作夫村

海　　拔	1950m	人口规模	735人
坡　　度	0°~15°	村域面积	3.3km²
坡　　向	西南	建设规模	—
民　　族	哈尼族	山水格局	林—村—田

　　云南省红河州红河县宝华乡期垤行政村作夫村，全村共156户，735人。村子海拔1950m，年平均气温13.2℃，年降水量1485.3mm，适宜种植水稻、苞谷等农作物，有耕地643亩[①]、林地351亩（图3-1）。该村位于一座山坡上，从远处可见一群古朴的"蘑菇房"与层层梯田融为一体，优美神秘。"作夫"是哈尼语第一个建村寨的意思，作夫村也被称为"中国哈尼第一村"[47]，是中国少数民族特色村寨（图3-2）。

图3-1　作夫村卫星地图及鸟瞰图

图3-2　作夫村村貌

---

① 1亩约为666.7m²

（二）红河州建水县官厅镇苍台村

海　　拔	2000m	人口规模	1157人
坡　　度	0°~17°	村域面积	16.31km²
坡　　向	西南	建设规模	64786.81m²
民　　族	彝族	山水格局	田—村—田—林—水

苍台村原名"仓台"，因地处云南通往红河南岸及东南亚等地的丝绸古道上，并作为途中聚粮供粮的粮仓而得名[48]。苍台村隶属于云南省红河州建水县官厅镇苍台行政村，距离官厅镇25km，地处山区。年降水量815mm，适宜种植金竹等农作物。有耕地815亩、林地14540.5亩。村民民族组成以彝族为主。

苍台村是以彝族尼苏人聚居为主的村落，传统生活方式、建筑风格等受建水地区汉文化影响，民居表现出汉族与彝族交融的民族特色。苍台村曾是红河两岸彝族纳楼土司管辖的村寨之一，历史极其久远，在元朝云南行省招抚临安道的文献里，就有苍台村的地名记载。

由于苍台村位于海拔超过2000m的山顶，村民们对于居住建筑的保温隔热性能有一定的需求，因此厚土坯墙的土掌房无疑是极佳的选择。同时，汲取汉式合院民居的特点，形成苍台村独特的合院土掌房形式。苍台村现在仍有土掌房216栋，有百年历史的建筑很多，最早的建于清朝中期。整个村落建筑坐北朝南，依山势层层建设，从远处望去犹如一座巨大的古堡，因而这里也被人们称为"哀牢山中的布达拉宫"（图3-3）。

苍台村土掌房有的是平房，有的为二层、三层，建筑材料主要以泥土为主，辅以木材，看似简易却非常坚固。苍台村的土掌房通过屋顶最大限度利用了土地空

图3-3　苍台村村貌

间。通过在墙上架平梁，再铺木板，然后再铺上土，经洒水抿捶，形成结实的平台房顶，不仅不漏雨水，还可以作为晒场或活动区域。房屋错落有致，连接为一体，家家在房顶上活动，既利用了空间，也便于互相交流。在匪患横行、部落冲突的年代，连成一体的土掌房还可以形成安全保护体系。

（三）红河州泸西县永宁乡城子村

海　　拔	1500m	人口规模	204人
坡　　度	9°~20°	村域面积	—
坡　　向	东北	建设规模	59416.77m²
民　　族	汉族、彝族	山水格局	田—村—田—水

城子村位于云南省红河哈尼族彝族自治州泸西县永宁乡，地处低纬度亚热带高原型湿润季风气候区。彝族先民白勺部的聚居于此，随着大批汉族迁入，逐渐形成彝汉完美结合的建筑风格[49]。城子村民居集中连片、依山而建、户户可通、家家相连。不少人家的屋顶就是上面一户人家的平台和晾晒谷物的场地（图3-4）。

图3-4　城子村鸟瞰图

城子村的土掌房屋顶以平顶为主，以石为墙基，用土坯砌墙或用夯土筑墙，多为平房，部分为二层或三层，为适应地形，多建在斜坡上。屋顶层层叠落交错，统一中求变化，与环境融为一体，满足生活中必要的农作物晾晒场地和室外活动空间。建筑群体平稳凝重，敦厚朴实。建筑体保温隔热性能好，屋内冬暖夏凉，是最能适应于当地气候、土壤条件及其环境，且最不破坏自然的建筑类型[50]（图3-5）。

图3-5 城子村村貌

（四）红河州石屏县牛街镇老旭甸村

海　　拔	1400m	人口规模	2552人
坡　　度	0°～13°	村域面积	37.68km²
坡　　向	东南	建设规模	30338.94m²
民　　族	汉族	山水格局	林—村—田

　　老旭甸彝族语为"罗梭达"，意思是生产罗梭树的地方。老旭甸村人口共有300多人、化石房屋共计70多间，是一个汉彝融合村寨，村民以汉族居多，少量彝族多为其他村嫁入的妇女[51]（图3-6）。村落周围大山中分布居住着彝族、哈尼族。先民选择背靠大山、面朝深谷的地方安家，利用植物化石作为建房材料，摒弃了汉族传统的砖

图3-6 老旭甸村卫星地图

瓦木结构形式，吸收当地彝族房屋的建造方法，巧妙利用石头之间的自然形状镶嵌，在石缝间用风干后的化石粉做成灰浆，充当墙体化石间的黏合剂进行封填，用此方法盖起了一座座神奇的、城堡似的、与当地自然融为一体的平顶式"石碉房"（图3-7）。

图3-7　老旭甸村村貌

（五）玉溪市元江县澧江街道者嘎村

海　　拔	410m	人口规模	610人
坡　　度	0°~8°	村域面积	38.35km²
坡　　向	西北	建设规模	41656.93m²
民　　族	傣族	山水格局	田—村—水

者嘎村隶属于云南省玉溪市澧江镇龙潭村委会。位于澧江镇东南边，距离澧江镇8km，到乡镇道路为水泥路，交通方便。全村总面积9478亩，海拔410m，年平均气温23.8℃，适合种植甘蔗、香蕉等农作物。全村耕地面积574亩，林地面积7944亩，人均耕地面积0.94亩，共有经济林果地面积210亩（图3-8）。全村有农户130户共

图3-8　者嘎村卫星地图

610人，其中农业人口总数为610人，劳动力396人。者嘎村90%以上的民居还保留着傣族传统民居的特点，是典型的穿斗式土木结构平顶土掌房，土掌房低矮但错落有致，显示出历史建筑的美感[52]（图3-9）。

图3-9 者嘎村鸟瞰图

者噶村是元江县内土掌房保存最完整的村庄。者嘎村傣族土掌房的建筑风格多样,与其他地区土掌房有明显不同。部分土掌房受汉文化的影响加入斗栱装饰,内部空间使用汉化之后的空间布局。虽当地多为傣族土掌房,但从土掌房建造可以看出差异,当地有几间富裕人家的土掌房,高度要比其他门户的土掌房高出许多,内饰采用青石、汉瓦片材料,有斗栱的装饰风格。当地民居为土木结构土掌房,有冬暖夏凉的特点。土木结构土掌房,分三层连体,正堂为二层楼房,第一层正堂天井为一体,中间八根立柱支撑第二层用料为木材,左右各有两间耳房;第二层为竹木结构,前房为二层楼房,和正堂房第一层平高的第二层楼房用来存放农具、工具,并作厨房用途,随房间用途,分一区两耳三房。最底下为牛圈、猪圈。整幢房由高到低,具有当地傣族传统民居风格(图3-10)。

图3-10 者嘎村村貌

(六)红河州元阳县多依树村普高老寨

海　　拔	1870m	人口规模	619人
坡　　度	16°~25°	村域面积	1.83km²
坡　　向	东北	建设规模	195317.06m²
民　　族	哈尼族	山水格局	林—村—田—水

普高老寨隶属于云南省红河州元阳县多依树行政村，属于山区。村寨位于新街镇东边，距离村委会1km，距离镇政府23km。村域面积1.83km²，海拔1870m，年平均气温14℃，年降水量1370mm，适宜种植草果、马铃薯等农作物。村内耕地面积566.92亩，人均耕地面积89亩，林地面积614.8亩（图3-11）。普高老寨哈尼族民俗特色明显，传统蘑菇房在村落内部随处可见[53]（图3-12）。

图3-11　普高老寨卫星地图及鸟瞰图

图3-12　普高老寨村貌

（七）玉溪市元江县洼垤乡坡垤村

海　　拔	1500m	人口规模	755人
坡　　度	16°～27°	村域面积	4.5km²
坡　　向	西北	建设规模	22706.9m²
民　　族	彝族	山水格局	水—田—村—林

坡垤村地势相对较陡，地处半山坡，北面和东面被山林环绕，南部为坡垤水库，西、南为大面积农田所环绕（图3-13）。坡垤村传统村落整体格局为山环水抱，绿田围绕，山为实，水为虚，虚实相生，体现了彝族人民"背山面水，前耕后牧，依山傍田"的村落选址布局思想。坡垤人是滇南彝族的一支，自称"尼苏颇"，一般聚族而居，房宅紧密相连。当地的土掌房一般可分为单体式和组合式两种，其中，常见的是四间两耳和三间两耳（图3-14）。寨子依山傍水，土掌房从水边依山修筑到半坡，层层叠叠，错落有致，参差变化[54]（图3-15）。

图3-13　坡垤村卫星地图

图3-14　坡垤村村貌

图3-15　坡垤村整体村貌

（八）楚雄州南华县马街镇诸葛营村

海　　拔	1660m	人口规模	1424人
坡　　度	0°~23°	村域面积	12.86km²
坡　　向	东北	建设规模	—
民　　族	汉族、彝族、白族	山水格局	—

诸葛营村隶属于马街镇诸葛营村委会，属于山区。距离马街镇18km，总面积12.86km²，海拔1660m，年平均气温20℃，年降水量850mm，适宜种植玉米、水稻、小麦等农作物。村落耕地面积1060.82亩，人均耕地面积0.82亩，林地面积12744亩（图3-16、图3-17）。是云南出滇入川的北大门，拥有"诸葛南征"等悠久的历史文化及浓郁的民族风情，旅游资源丰富，居民主要为彝族[55]。

图3-16　诸葛营村卫星地图

图3-17　诸葛营村村貌

（九）玉溪市峨山县塔甸镇亚尼村

海　　拔	1430m	人口规模	2262人
坡　　度	0°~13°	村域面积	—
坡　　向	西北	建设规模	32246m²
民　　族	彝族、汉族、哈尼族	山水格局	林—水—村—田

亚尼村辖属塔甸镇，位于峨山彝族自治县西北部，属典型高寒山区，平均海拔1430m，年平均气温13~23℃，年平均降雨量951.6mm，距镇政府约21km。居民大多为来自四川大凉山的彝族移民[56]。亚尼彝族土掌房大体上分为单体式和组合式两种（图3-18、图3-19）。

单体式土掌房，因地形地貌、经济条件等原因省去耳房和八尺，只留有正房。因此单体式土掌房面积小，可供利用的空间不大，结构简单，只适合人口较少的家庭。这种形式的房屋建盖容易，适用于山高坡陡的山寨，适应当地特殊的自然地理环境。

组合式土掌房，是由三间正房、左右厢房、下八尺组合而成的复合式结构建筑。建筑面积相对较大，可利用的空间增多。同时受汉文化影响，正房房顶不是传统平整的土顶，而是仿照汉民族民居加盖瓦顶，所以与一般的瓦房非常相似，是彝族文化与汉族文化相互交融的产物。

图3-18　亚尼村卫星图

图3-19　亚尼村村貌

（十）楚雄州双柏县安龙堡乡安龙堡村

海　　拔	1820m	人口规模	1903人
坡　　度	0°~13°	村域面积	46.37km²
坡　　向	东南	建设规模	184514.1m²
民　　族	彝族、汉族、哈尼族	山水格局	林—村—田

安龙堡村隶属云南省双柏县安龙堡乡，地势西北高、东南低。年平均气温15.2℃，年降水量981mm。全村耕地面积4627亩，林地面积62196亩（图3-20）。安龙堡村的土掌房民居，每户都盖有楼房及平房两部分，屋顶是晒场。山区平地宝贵，屋顶就如同人造平地，既节约了土地，又增加了贮存晾晒的空间。安龙堡村是楚雄州唯一完整留存的土掌房村寨[57]（图3-21）。

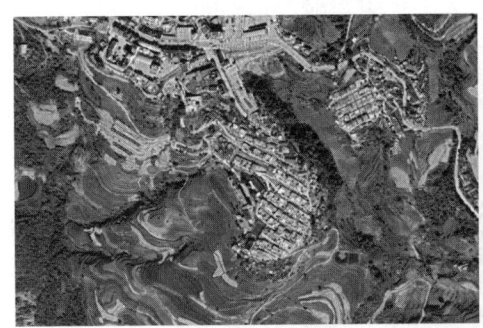

图3-20　安龙堡村卫星图及村貌

图3-21　安龙堡村鸟瞰图

（十一）玉溪市峨山县富良棚乡咱拉黑村

海　　拔	1926m	人口规模	518人
坡　　度	19°~28°	村域面积	15.87km²
坡　　向	西南	建设规模	87599.55m²
民　　族	彝族	山水格局	林—田—村—田

　　咱拉黑村，属于地那行的山区农村。距离村委会7km，距离镇11km，国土面积15.87km²，海拔1926m，年平均气温16℃，年降水量1011mm，适宜种植烤烟、油菜、玉米等农作物。现有农户143户，人口共518人。全村耕地面积988亩，林地面积18198亩（图3-22、图3-23）。

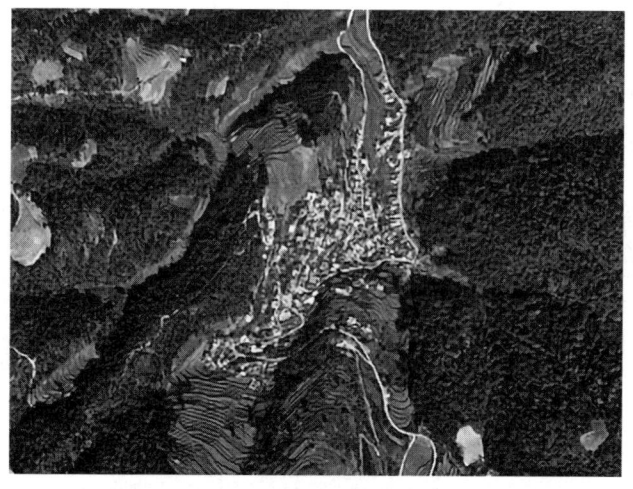

图3-22　咱拉黑村卫星地图

图3-23　咱拉黑村村貌

(十二）迪庆州香格里拉市尼西乡汤堆村

海　　拔	2960m	人口规模	809人
坡　　度	0°~11°	村域面积	1.66km²
坡　　向	西南	建设规模	251904.01m²
民　　族	藏族	山水格局	山—水—村—田

汤堆村位于香格里拉市西南部，距香格里拉县城33km，藏族乡村，是旧时茶马古道的必经之路（图3-24）。村子总体地势东南高西北低，地处热河谷地带，粮食作物以青稞、小麦、苞谷、洋芋为主。全村属于高原气候，年平均降雨量503mm，汤堆村村民为了更好适应自然环境，营造了具有高原坝区特色的民居（图3-25）。

图3-24　汤堆村卫星图及鸟瞰图

图3-25　汤堆村村貌

二、云南土掌房聚落形态与肌理特征

聚落形态特征		案例点肌理特征	卫星图	实景图	聚落肌理
团块状	用地平坦	双柏县安龙堡村：村落依山而建，村内建筑顺应地形布置。道路平行于等高线排列，路网均匀分布，聚落肌理整齐有序，清晰明了	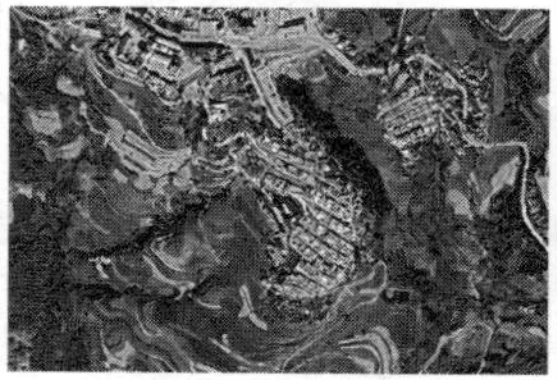		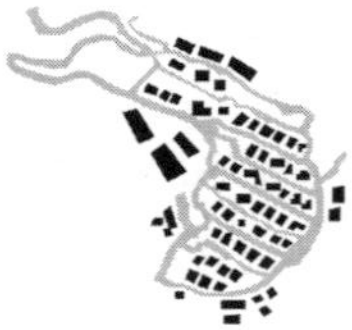
		元阳县普高老寨：村落被层层梯田所包围，村内建筑与村内自由式的巷道相连，顺应普高老寨的地形环境。建筑排列紧凑但不单调，聚落肌理自然灵活，错落有致			
		峨山县亚尼村：村落依山傍水，建筑布局紧凑，聚落肌理呈现紧凑			
		元江县者嘎村：村落依山傍水，村内建筑临水而建，建筑肌理较为均质。村内道路自由分布，聚落肌理紧凑灵活			

续表

聚落形态特征		案例点肌理特征	卫星图	实景图	聚落肌理
团块状	层叠状	泸西县城子村：村子靠山而建，道路平行于等高线布置，建筑顺应山势布局，层层跌落，聚落肌理紧凑柔美			
		建水县苍台村：村子靠山而建，建筑平行于等高线，层叠而上，聚落肌理富有韵律感	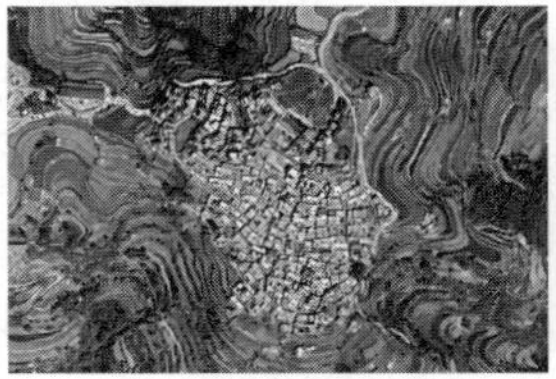		
		峨山县咱拉黑村：村落依山而建，建筑顺应山势布局，自由式的道路与村内建筑相连，聚落肌理灵活柔美，富有韵律感	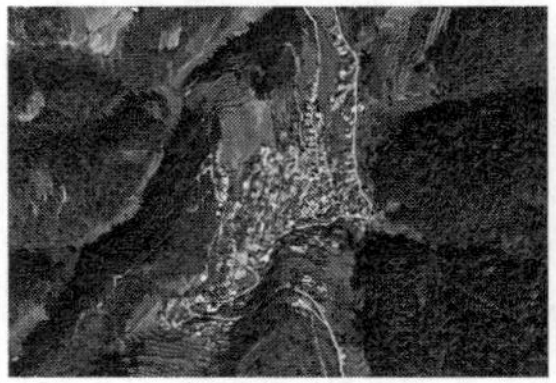		
放射状		建水县黄草坝村：村落靠山而建，道路沿等高线布置，建筑顺应地势，聚落肌理自由灵活	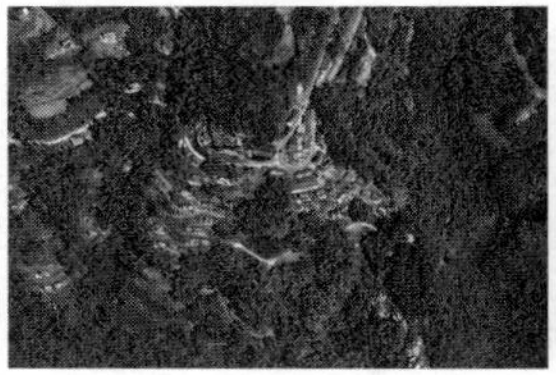		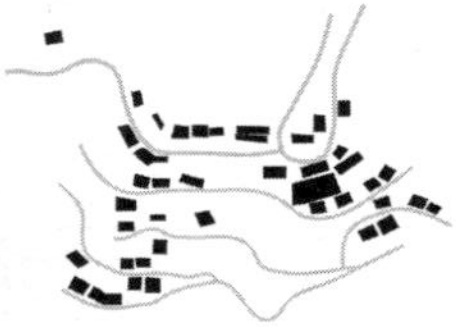

第三章　云南土掌房聚落及其人居环境

续表

聚落形态特征	案例点肌理特征	卫星图	实景图	聚落肌理
带状	红河县作夫村：村落靠山而建，道路顺应地形，建筑布局十分紧凑，建筑肌理较为均质，聚落肌理紧凑清晰，富有节奏感	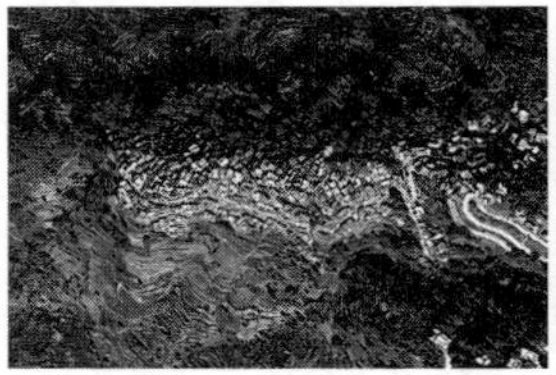		
	石屏县老旭甸村：村落靠山而建，建筑沿路布置，聚落肌理紧凑而自由，疏密有致。			
散点状	香格里拉市汤堆村：村内建筑无序分布，村落建筑尺度无统一标准，聚落肌理呈现自由的特点	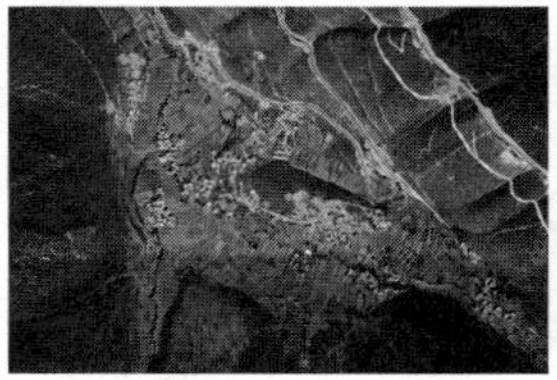		

三、云南土掌房聚落街巷体系

街巷体系特征	案例点街巷体系特征	卫星图	实景图	肌理图
网格状 （方格网状的土掌房聚落在平地聚落较多）	泸西县城子古村：城子古村的土掌房依山势而建，层叠相连，道路条条分明，方格网的道路把整个村域划分得规整			
	双柏县安龙堡村：土掌房顺着山坡均匀分布。建在斜坡上的房屋层层叠叠，山下是平坦的良田。高低错落的平顶似阶梯般而上，显得十分整齐，而且目错落有致	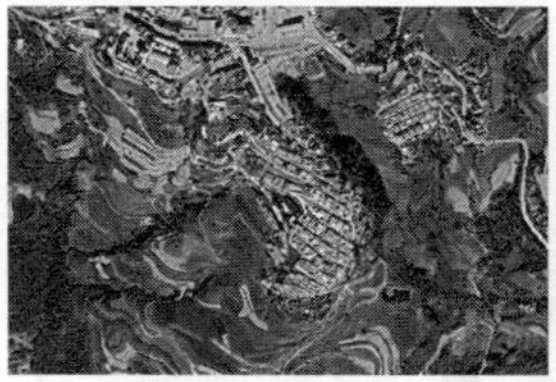		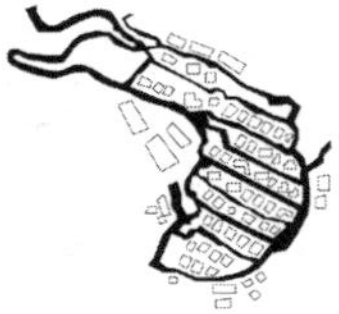
	峨山县哨拉黑村：整体顺应山势和主要道路，整个村庄布局整齐	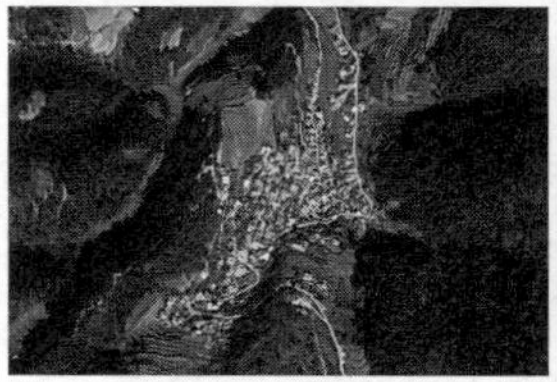		
	元江县者嘎村：依山傍水的傣族村寨呈现棋盘布局，当地傣族村寨称为摆依，土掌房布局绵延成片			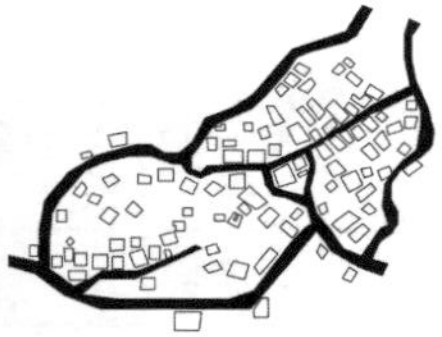

续表

街巷体系特征	案例点街巷体系特征	卫星图	实景图	肌理图
网格状 （方格网状的土掌房聚落在平地聚落较多）	建水县苍台村：苍台村海拔1350m，村落分布在哀牢山向阳山腰的一面坡地，每一户的土掌房都随地势坡度呈阶梯式分布，道路也顺应地势绕的环绕形成网格化的村落结构			
	峨山县亚尼村：具地域特色的彝族土掌房，房屋在选址时依山而建，建于山脚或半山腰，房屋建筑风格家家相同，屋面户户相连，顺着屋面，可以走到下，从村头可以走至村尾，道路四通八达，形成方格网形态			
放射状街巷 （主要的道路呈放射状）	建水县黄草坝村：整个村落由回新线划分，沿着回新线呈现放射状态，整个形态如同一个扇形分布			
鱼骨状街巷 （由主要的道路把整个聚落串联起来，再由其他主要的道路向外扩散出许多的分支道路，最后整个道路的形态和鱼骨很相似，故名鱼骨状街巷）	石屏县老旭甸村：村落沿着老旭甸公路，向外衍生出许多的分支道路，道路连接起整个完整的道路网络体系			

续表

街巷体系特征	案例点街巷体系特征	卫星图	实景图	肌理图
自由式街巷体系 （自由式的街巷主要是由于地形起伏不定，村落的分布结合地形呈现散乱，自由的模式。路网也随地形没有标准的模式）	南华县诺葛营村：村落由诸葛线串接，但建筑分布之间没有固定的形式，分布较为散乱，各建筑之间没有联系			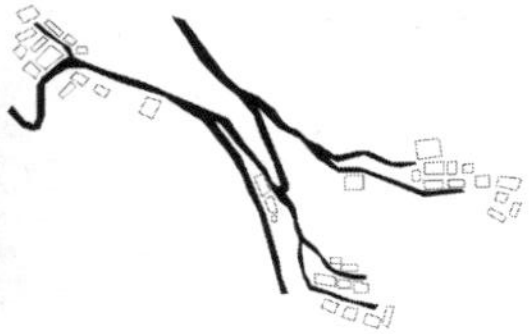
	香格里拉市汤堆村：整个村落的分布没有固定的形式，且分布较为散乱	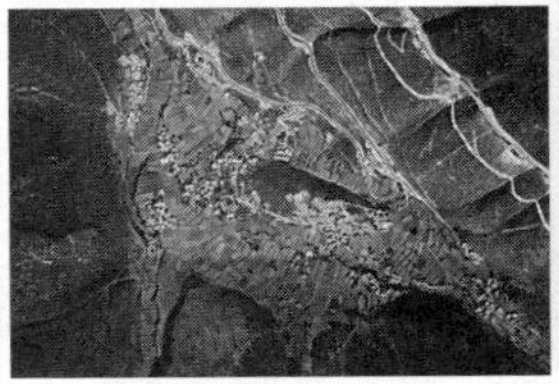		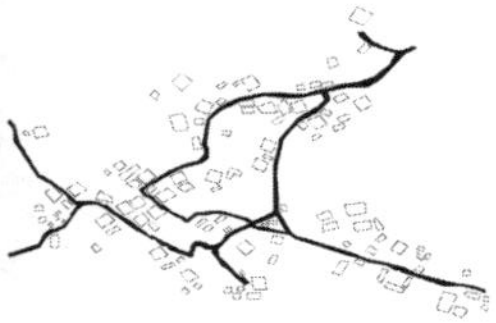

第三章 云南土掌房聚落及其人居环境 047

第四章
云南土掌房民居建筑

云南土掌房主要分布在滇南和滇西北地区，建造方式以在密楞上铺柴草抹泥[12]为主，屋顶有平屋顶和坡屋顶，平面形制多为四边形，适应干热和干冷气候地区，主要为彝族、哈尼族、藏族和部分傣族等民族的民居[58]。

一、土掌房民居建筑平面形制

（一）历史溯源

据张增祺《云南建筑史》，元谋大墩子遗址可分为早、晚两期。早期房子居住地面多就地略加平整，铺垫纯净黄土，再经踩踏或夯实成硬土面，也有的表面涂草拌泥，厚约2cm。整个建筑似一个长方体的盒子，与近代少数民族喜用的土掌房相似。以元谋大墩子13号房子为例，房基平面呈长方形，东西长7.4m，南北宽3.9m（图4-1）。房门开于西壁偏南，宽约50cm。门前有一弧形"屏风"，为木胎草拌泥结构，与房墙用材相同。

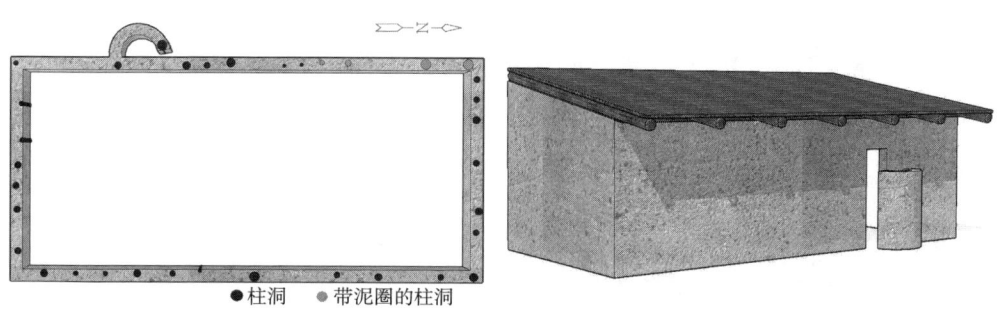

图4-1 元谋大墩子遗址13号房复原图

（二）建筑平面形制及功能分析

1. 彝族土掌房

彝族土掌房分布多随山坡逐级分布，随地势升降排列整齐，山地空间利用率极高，生活空间开敞。土掌房建筑多以石头为墙基，平面形制多为四边形，一层居住，屋顶可以作晒场。建筑类型分为：单体式、"L"式、合院式。[14]

（1）单体式

单体式民居数量最多。主体建筑平面形制为两层正房三开间、无隔墙和耳房，无天井，以自家屋顶或前一户人家屋顶为晾晒空间。单体式土掌房与道路衔接紧密，顺应等高线布置，开门方向和道路对应，且与山地紧密相连，内外交通便捷。

（2）"L"式

主体建筑平面形制为两层正房三开间无隔墙，正房与厢房组成垂直、钝角、锐角或不相连的"L"形平面。为顺应地形，正房与耳房不在同一标高，却与相邻人家的一层平面相互契合。平面形制、各层高差，均因衔接地势的不同而不同。

（3）合院式

主体建筑平面形制为一正房一厢房的院落格局。正房为两层三开间，一层正房加隔墙为卧室，二层为储藏，厢房改造为马棚和杂物间。建筑内部通过砖木划分空间，形成三个区域：起居区域、储藏区域和交通区域。其中，起居区域空间又划分为正厅、主人屋、儿女屋、客人屋等。通过衔接不同高差的地形，营造出实用的山地合院形式。

2. 哈尼族蘑菇房

哈尼族主要分布于滇南地区的红河哈尼族彝族自治州。哈尼族于唐代后期自青藏高原迁入云南红河后，世代居住在哀牢山区，以农耕为生[59]。

哈尼族聚落中一幢幢住屋顺坡自由布置，犹如一簇簇散落在群山间的蘑菇，因而得名"蘑菇房"[60]。哈尼族蘑菇房平面为矩形，通常坐南朝北，木构架土坯墙。哈尼族蘑菇房采用"下畜上人"[14]，即底层养牲口，二层住人。一层室内不设隔墙，用于圈养牲口、存放农具杂物等；二层是人的主要生活空间。二层平面为四开间，当中两间是家庭公共的起居室，有火塘、老人床和粮仓。边上两间，一侧各有一个小卧室，分别是女长者和儿媳妇的房间。二层的上面约3/4的部分是茅草顶覆盖下的阁楼，可用于储存粮食和堆放杂物，其余未被茅草覆盖之处则夯平成"晒台"，主要用于晾晒谷物。阁楼的外面有一个晒台，用来晾晒稻谷（图4-2、图4-3）。

3. 德钦藏族土库房

迪庆藏族自治州德钦县的藏族的"土库房"是"邛笼"谱系民居的变异，正

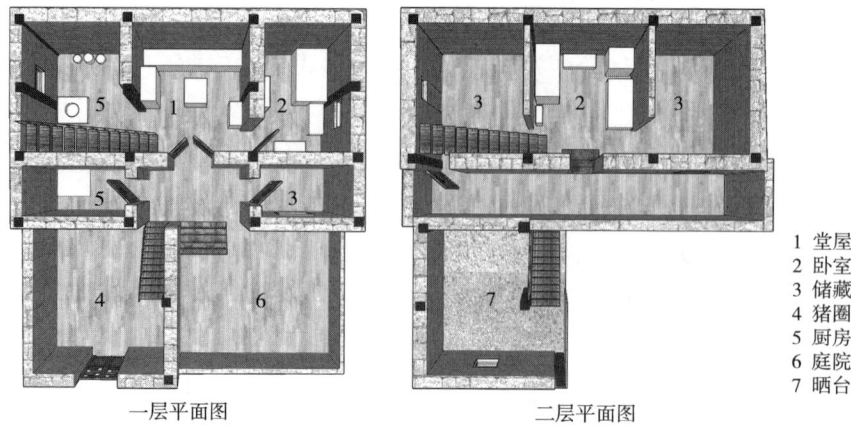

图4-2 哈尼族蘑菇房平面图

1 堂屋
2 卧室
3 储藏
4 猪圈
5 厨房
6 庭院
7 晒台

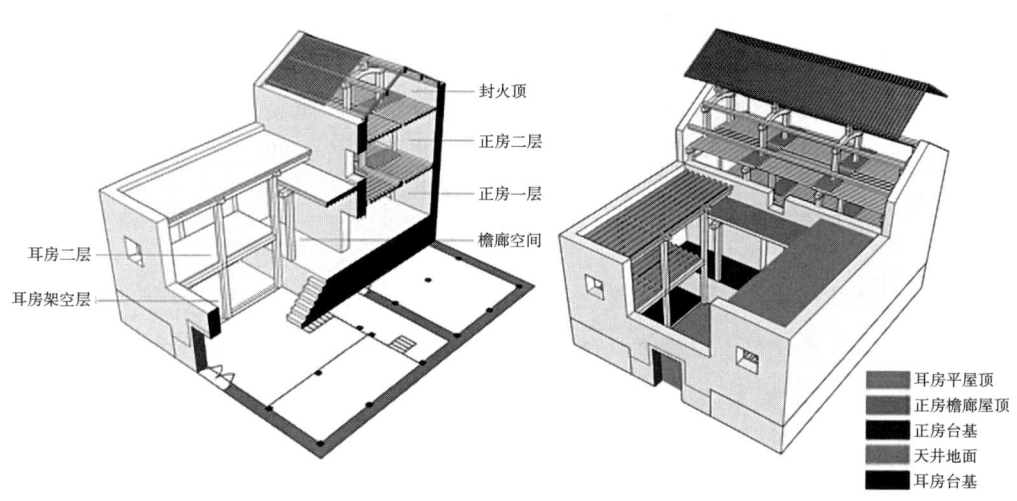

图4-3 哈尼族院落式土掌房民居典型空间示意图

如藏族与古羌族的渊源。《后汉书》提到"累石为室,高者至十余丈,为邛笼"。邛笼为羌语,意为"碉房"。

滇西北土库房、碉房民居有这样的居住观念:楼层以高为贵。当为三层时,经堂、客厅、净室必在第三层,并在墙头屋角筑烧香台。第二层为家人居住活动及储藏的主要空间。底层则关养牲畜,卫生条件颇差[14](图4-4)。

土库房传统民居建筑,一般高2~3层,通常贴靠高坎,前后错一层布置,又称为"过江楼",给人以厚重和封闭的感觉,而内部结构处理较为简单,穿斗式的木结构常常直接架于石墙之上[61]。

1 中堂
2 卧室
3 储藏室
4 经堂
5 净室
6 厨房
7 火塘
8 内庭院

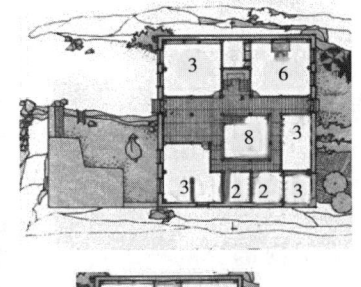

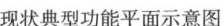

现状典型功能平面示意图

图4-4 滇西北土库房、碉房平面图
（图片来源：《云南农村民居室内功能提升导则》）

因苍山洱海之间有众多的河流，这些河流在常年冲刷之下形成了大量的卵石，而这些丰富的石材资源就成了当地居民建房就地取材的首选[62]。滇西北土库房传统民居建筑为土木结构，砌石为基，夯土为墙，每层架大梁、搭楼楞、垫细圆木、铺荆棘树叶、夯土掌，然后铺地板。建筑结构上以木梁柱承重，土墙作围护，特点是室内分层设柱，上一层的柱子直接对位在下一层的柱子轴心之上，各层自成体系。

4. 滇中傣族土掌房

滇中傣族土掌房主要分布在云南省玉溪市新平彝族傣族自治县南部，地处哀牢山脉东部，属于亚热带季风气候，光热充足，雨热同期。多建于20世纪90年代，是一种土、木、石结构的民居建筑，采用土基墙、密梁结构和泥平顶的房屋[63]。

（1）单体式

单栋双层土掌房，室内空间格局为木柱两侧砌墙，形成半封闭格局。进入室内首先为一大开间，此为堂屋，并设有火盆，在火盆右侧设有厢房，堂屋东南设一间卧室，门口处设楼梯进入二层。土掌房内部空间功能分区齐全，一层由堂屋、卧室、厨房、储藏室组成，二层由卧室、储藏室和屋顶平台组成。

（2）合院式

传统滇中、滇南平顶土掌房空间多为合院式布局，少数因用地限制采用一字形布局，室内多为两层，一般为居住空间及养殖空间。土掌顶、内庭院天井等作为室内外空间的一部分，同时也有文化传承的作用，在当地部分文化社交与农业生产活动都是在土掌顶举行。更有特色的是，前一户的屋顶可以是后一家的晒台和后院，是村落的共享空间。合院式土掌房内部空间一层含堂屋、卧室、牲口房、厨房等，二层布置多为卧室、储藏室[14]。合院一般为三进深，楼梯设在门口左右两侧，土掌房建筑四周一般还设有排水沟（图4-5）。

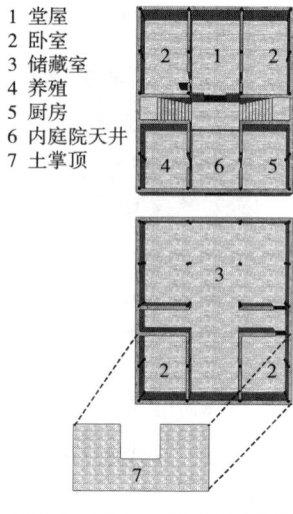

图4-5　滇中、滇南土掌房
（合院式或一字形布局）

（三）民俗与建筑平面布置

1. 以火塘为核心的民居

火塘是彝族和哈尼族民居住宅中重要的室内陈设，因各地区不同的经济水平和材料限制产生了丰富多样的形式[64]（图4-6）。火塘一般为椭圆凹坑形，围绕凹坑分别立有三块石柱，形成三角形的三石鼎足式，石头上有精美的雕刻。火塘彝语称"嘎库"，其三个锅庄石上还一般绘有图腾纹饰，各自分别表示不同的神位。火塘靠内的锅庄石为上方代表祖宗的方位，左右两边的锅庄石代表男女青年，以火塘的方位确定长幼之序。

哈尼族火塘南面靠墙（前墙）摆一张床，是给老人（尤其是男性长者）专用

图4-6　彝族与哈尼族的室内火塘

的。老人睡在这里，距离火塘近，便于取暖。火塘与老人床之间，有三块通长的木板，称为"三块板"。三块板有神圣意义，女人不得跨越，而当作为一家之长的男长者去世时，要将三块板撬起并翻面、重新钉好，意味着家主继替[14]。

2. 祭祀文化与民居

花腰傣认为，家里过世长辈的灵魂会附着在土掌房大门后边，祭祀位置在土掌房建造的时候就要提前选出，并且预留出位置[14]。土掌房一楼堂屋被用来安放祖先的灵位，而二楼正对应一楼堂屋位置不住人，用来存放杂物。其他房间都可以住人，一楼的房间留给爷爷奶奶，二楼则留给父母和孩子。在建房完成的时候，要先请雅摩到新房内驱邪、供奉祖灵、开财门。花腰傣的祭祀文化分为团体祭祀及私人的祭拜祖宗和山神，从一个侧面反映了花腰傣民族的祭祀文化[65]。

（四）民居建筑平面图谱

1. 红河州泸西县城子村—民居1（图4-7～图4-12）

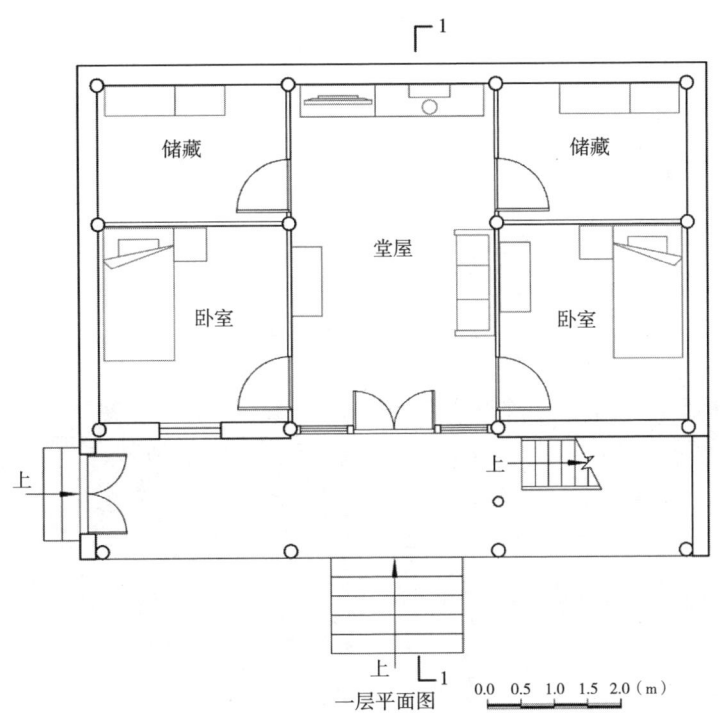

图4-7　城子村民居1建筑平面图（1）

城子村的民居建筑多以一至二层的平顶土掌房为主,部分兼有坡顶瓦檐,且大致可以分为独栋与合院两种类型。多数的土掌房为三开间的夯土楼或土坯砖楼。土掌房的正房为堂屋,通常作为日常起居使用,有的也会在堂屋安置神、佛或祖先牌位的神龛。耳房多作为厨房、卧室或储藏室使用,有的家庭也会隔出一间用以饲养牲畜。土掌房通常在室内或室外设有上下连通的楼梯,通过楼梯可到达二楼。二楼一般作为卧室或者粮食及杂物的储藏室使用[66]。

该民居建筑为合院式土掌房,墙体为土坯砖砌成。一层中间为堂屋,两侧耳房分别为卧室和储藏室,一层有门廊,门廊平时可作为晾晒和储藏空间,楼梯设在门廊右侧。二层为储藏室,用来存放粮食与杂物。

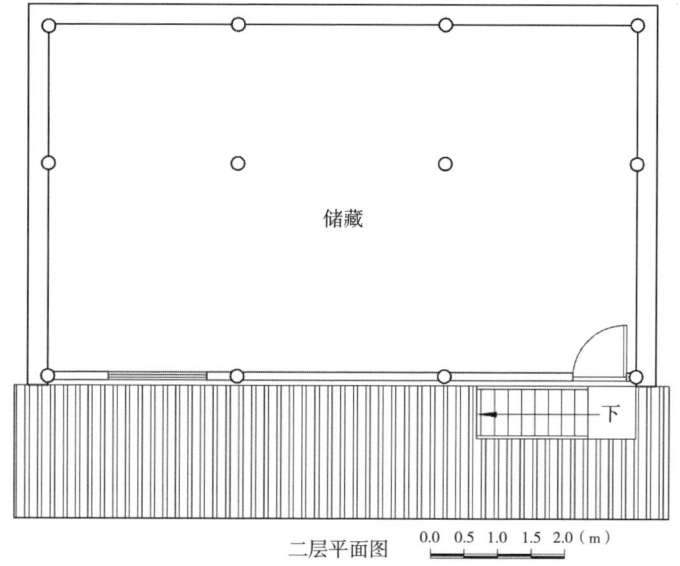

图4-8 城子村民居1建筑平面图(2)

图4-9 城子村民居1的堂屋

图4-10 城子村民居1的楼梯

图4-11 城子村民居1的门廊（1） 　　图4-12 城子村民居1的门廊（2）

2. 红河州泸西县城子村—民居2（图4-13~图4-15）

该民居为典型三开间土掌房，建筑为平屋顶，墙体主要为夯土墙，入口处设置门廊，楼梯位于建筑外部。一层中间堂屋为主要家庭活动空间，堂屋正中间放置佛龛，堂屋两侧为卧室；二层为储物空间，用来储存杂物和五谷杂粮。

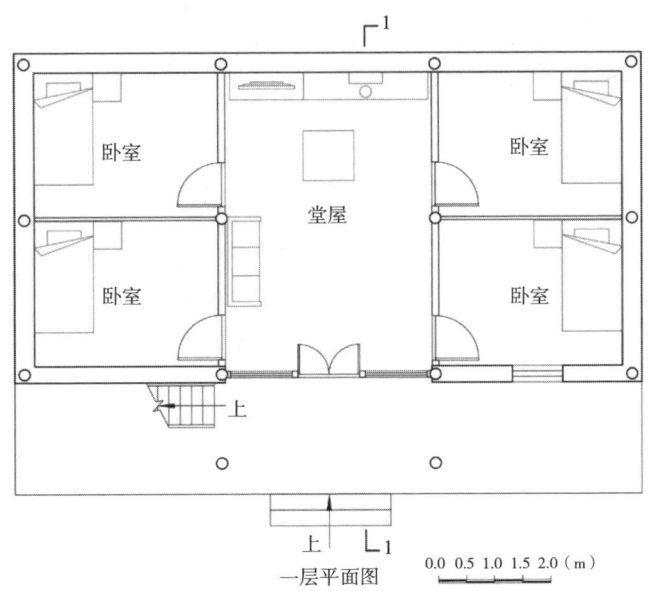

图4-13 城子村民居2建筑平面图（1）

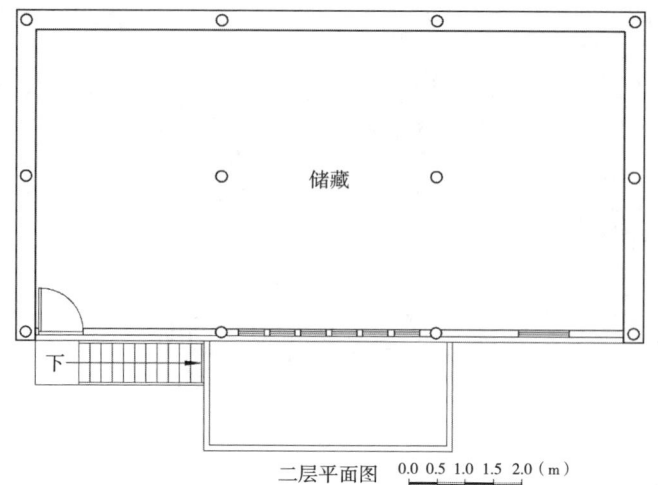

二层平面图　0.0 0.5 1.0 1.5 2.0（m）

图4-14　城子村民居2建筑平面图（2）

图4-15　城子村民居2的一层的堂屋、二层储藏空间以及通向二层楼梯

3. 红河州泸西县城子村—民居3（图4-16～图4-19）

该户民居为独栋式土掌房，整个建筑两侧临街。建筑为平屋顶，分为两层，整体形状呈现为方形，一层主要布置卧室、堂屋和储藏室，二层为储藏空间。从南侧紧邻街道的门廊进入主房，可直接到达堂屋。堂屋西侧为卧室，东侧为卧室及储藏杂物和粮食的地方。堂屋正中央为放置佛像、祖先牌位等的神龛。

一般土掌房的楼梯为室内或室外的木制或石板楼梯，也存在一楼与二楼由一把可活动的木制爬梯连接的情况，该户民居楼层间便由一把可活动的木制爬梯连接，如图所示。爬梯位于一层入口的右侧，可沿该爬梯进入二层。整个二层为储存粮食、放置木料的储藏空间。

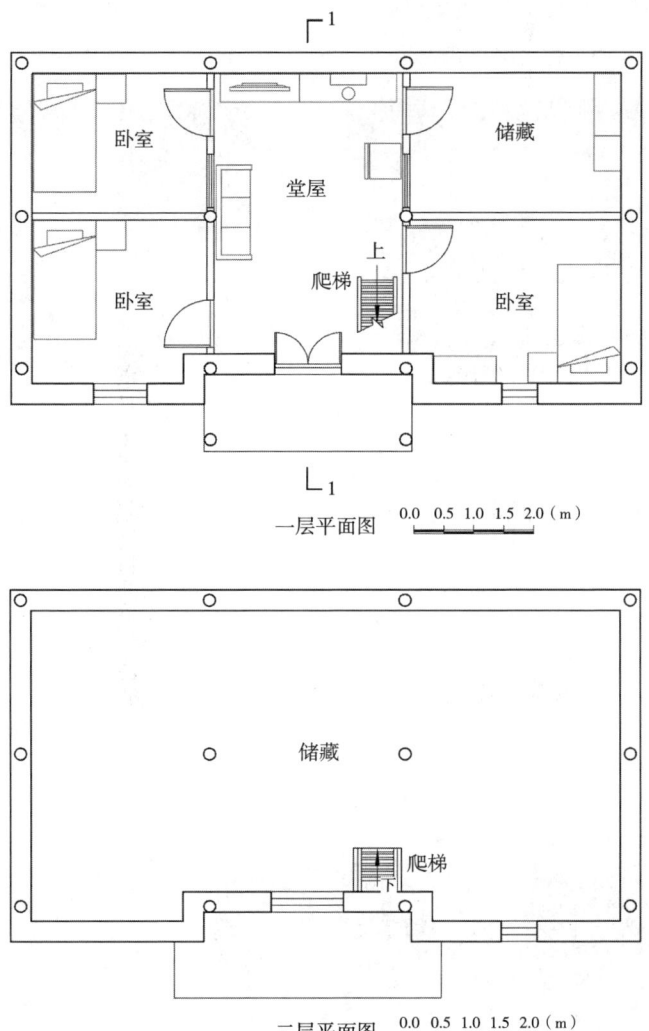

图4-16 城子村民居3的建筑平面图

图4-17　城子村民居3两侧临街　　图4-18　城子村民居3的入口门廊

图4-19　城子村民居3的堂屋与内部梯子

4. 红河州泸西县城子村—民居4（图4-20~图4-23）

该民居为典型的合院式土掌房，巧妙地利用坡地地形，整体建筑围绕负一层的天井展开。其中负一层建筑面积较小，通过天井的楼梯由一层进入，整层房屋作为牲畜饲养的空间，如猪棚、牛棚等。这些空间放置在负一层可与居住空间隔离开，从而增加居住空间的卫生。由于地处干热地带，天井的主要作用为增加整个建筑的通风和采光量。

图4-20　城子村民居4的天井　　图4-21　城子村民居4厨房
　　　　　　　　　　　　　　　　　　与储藏室的连廊

该民居入户门位于一层正房走廊的左侧，楼梯位于走廊的右侧。正房为三开间，中间为堂屋，两侧各两间卧室，卧室为了增加采光量均设置了内窗。天井右侧房间为厨房，左侧为储藏间，两个房间由位于天井南侧紧邻院墙的连廊进行连接。

通过位于一层走廊右侧的楼梯可以进入二层。二层北侧为一个整体的大空间，主要作为储藏空间放置粮食及其他杂物。房间北侧中央放置有佛龛，作为祭祀空间使用。此外，二层南侧为围绕天井的较大平台，此平台作为晾晒粮食谷物的空间使用。

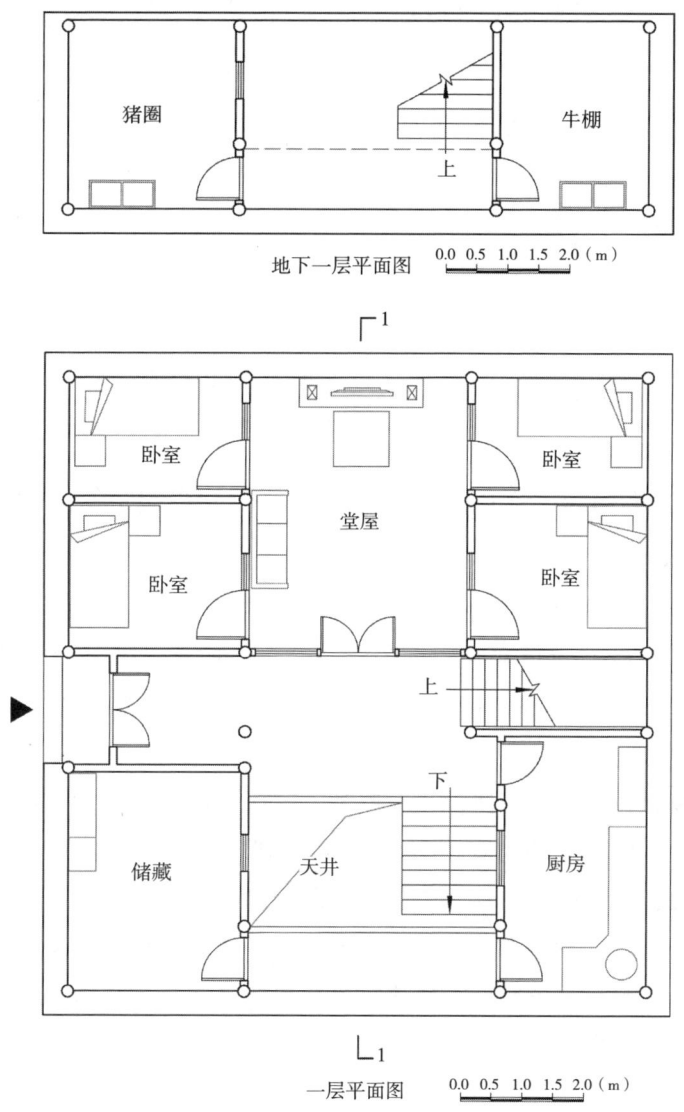

图4-22　城子村民居4的建筑平面图（1）

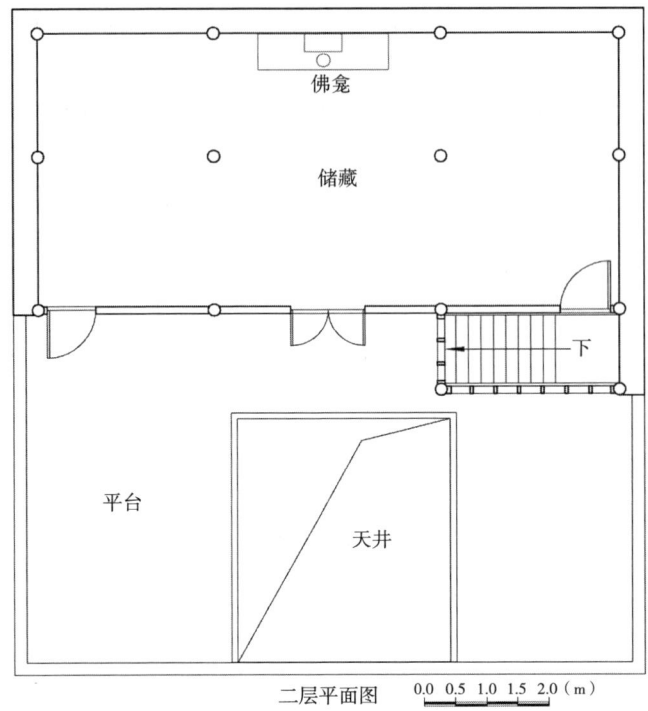

图4-23 城子村民居4的建筑平面图（2）

5. 红河州建水县苍台村—民居1（图4-24～图4-27）

苍台村民居多为二到三层的土掌房，通常结合地形建造[67]。同城子村土掌房一样，建筑较为方正，建筑结构多为夯土或土坯砖砌木结构。一层通常为厨房、堂屋、卧室等空间，二层或三层多为储存粮食的储藏空间及放置佛龛的祭祀空间。多数的土掌房设有晾晒粮食的平台，部分进深较大的土掌房会设置室内天井，便于采光和通风。

该民居为面宽三开间、进深三开间的土掌房，墙体主要为土坯砖砌墙体，部分位置如二层平台女儿墙为红砖砌筑。一层为堂屋、厨房和卧室，楼梯位于堂屋右侧，通过该楼梯可到达二层。二层为储藏粮食的储物空间以及放置了佛龛的祭祀空间，二层建筑面积相对一层较小，南侧部分空间进行了后退形成室外平台，作为丰收时节晾晒粮食的空间。由于该民居建筑进深较大，为了更好的通风采光在二层平台设置了两个室内天井[68]。

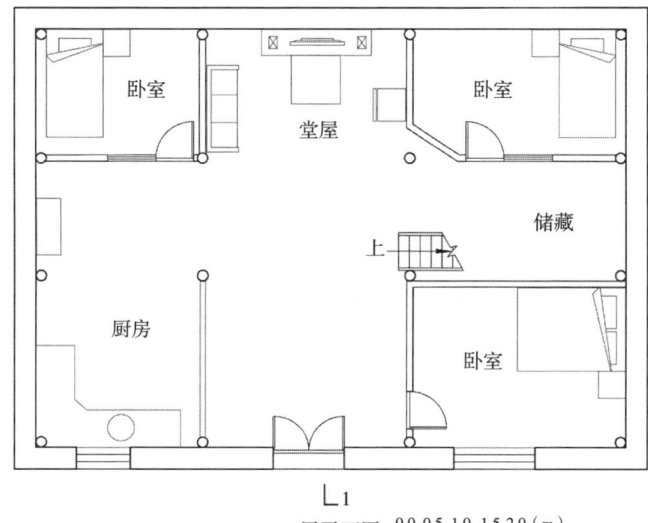

一层平面图　0.0 0.5 1.0 1.5 2.0（m）

图4-24　苍台村民居1的建筑平面图（1）

图4-25　苍台村民居1的堂屋与厨房

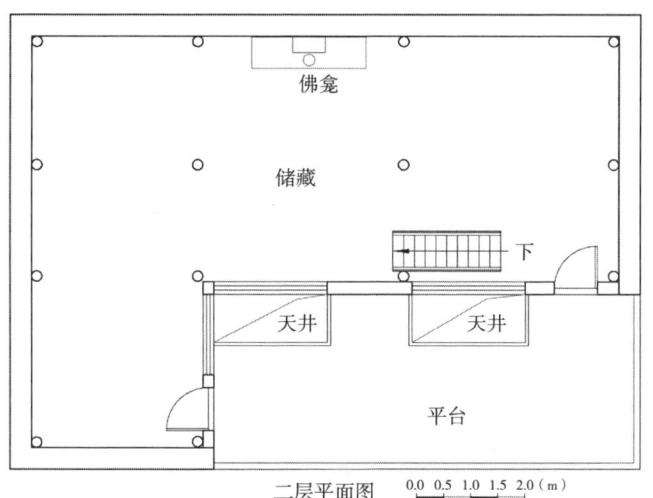

二层平面图　0.0 0.5 1.0 1.5 2.0（m）

图4-26　苍台村民居1的建筑平面图（2）

图4-27　苍台村民居1的室内天井与二层平台

6. 红河州建水县苍台村—民居2（图4-28～图4-31）

该民居为三层土掌房建筑，结合山地地形建造。一层面积较小，布置有厨房、储藏室和饲养牲畜的畜圈。畜圈相邻处设有放置杂物的棚子，棚子顶部为二层的平台，作为饲养家禽之处。二层布置有卧室、堂屋、客厅及储藏室等空间，进深较大，由于整个建筑只有南向开设有窗户，因此为了采光在二层中间设置了天井，同时为了室内卧室的采光，卧室的室内墙上均设有内窗。

该民居一层通向二层与二层通向三层的楼梯位于不同的位置，二层通向三层的楼梯位于二层的中间右侧的位置。三层为储藏粮食、杂物以及放置神龛的区域，三层建筑面积比二层要小，南侧空间后退形成平台，以作为晾晒粮食与衣物的空间。三层平台通过爬梯可达屋顶平台。

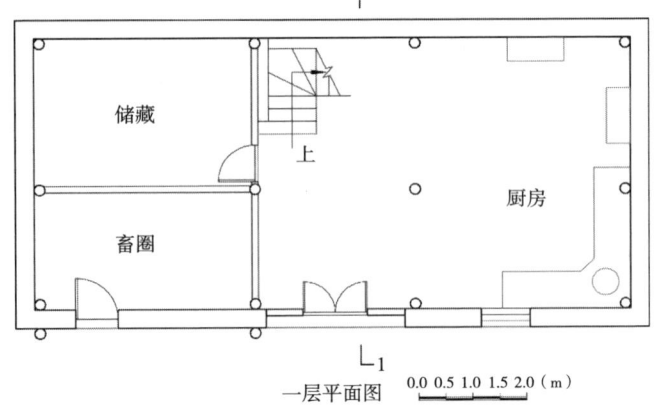

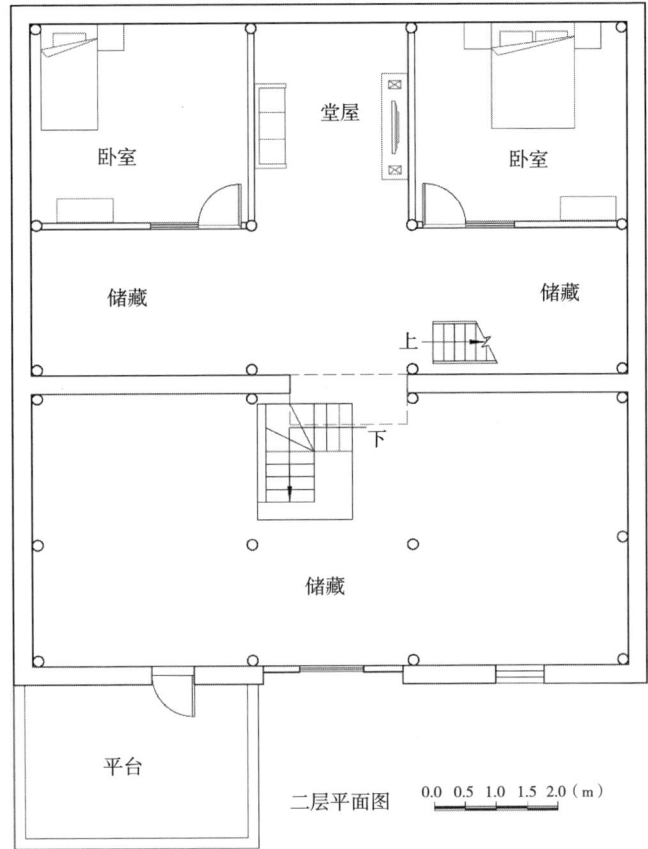

图4-28 苍台村民居2的建筑平面图（1）

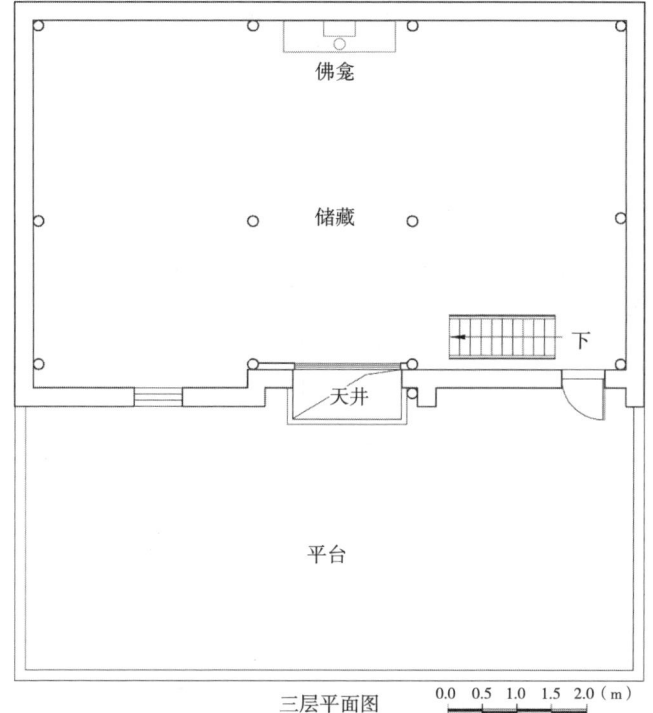

三层平面图

图4-29 苍台村民居2的建筑平面图（2）

图4-30 苍台村民居2的天井与二层平台

图4-31 苍台村民居2的二层储藏室与三层平台

第四章 云南土掌房民居建筑

7. 红河州建水县苍台村—民居3（图4-32~图4-35）

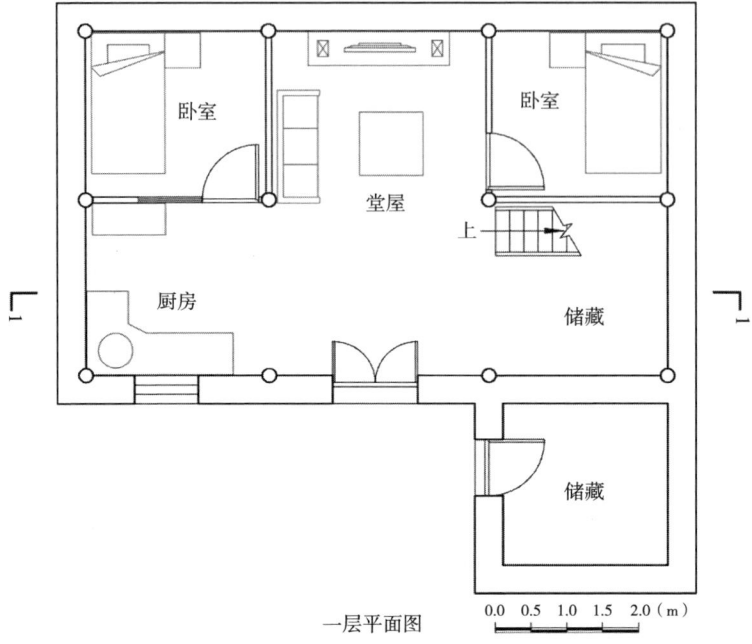

图4-32 苍台村民居3的建筑平面图（1）

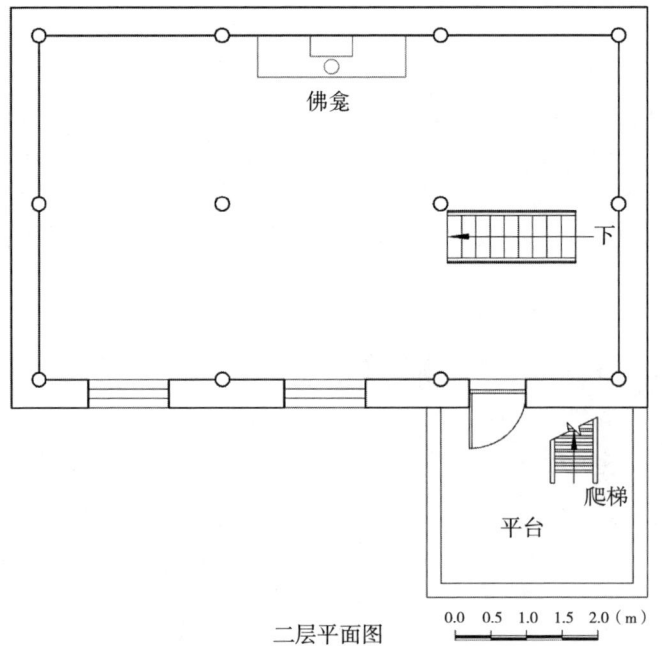

图4-33 苍台村民居3的建筑平面图（2）

苍台村民居3为典型的三开间土掌房建筑，整体为二层。一层主要是堂屋、卧室、厨房以及储物的空间。厨房设置在一层门厅的左侧，楼梯位于右侧，楼梯所在的空间同时作为储藏空间使用。同样为了采光，卧室均设有内窗。

整个二层主要有储存农具、粮食、杂物等的空间，此外还有祭祀祖先、佛像的祭祀空间。另外主体建筑的东南侧有单独的储藏室，储藏室二层为平台。二层平台通过爬梯可到达屋顶平台，这两个平台可以作为丰收时粮食晾晒的场地。

图4-34　苍台村民居3的客厅与厨房

图4-35　苍台村民居3的室内楼梯与二层平台

8. 红河州建水县苍台村—民居4（图4-36～图4-38）

苍台村民居4为比较特殊的独栋式土掌房建筑。该建筑面宽为二开间，进深为四开间，整体呈条状。从入口进入门厅，门厅正对堂屋并与堂屋相连，堂屋东侧为卧室。一层内部做出抬升，将门厅、起居室、厨房通过高差进行空间分隔。厨房在门厅东侧，与北侧卧室空间相对。二层为卧室、储藏及祭祀空间。由于该建筑进深较长，为了一层的通风采光，在门厅靠近客厅的上方设置了天井。一层门厅上方为平台，作为晾晒空间使用。

图4-36 苍台村民居4的厨房与天井

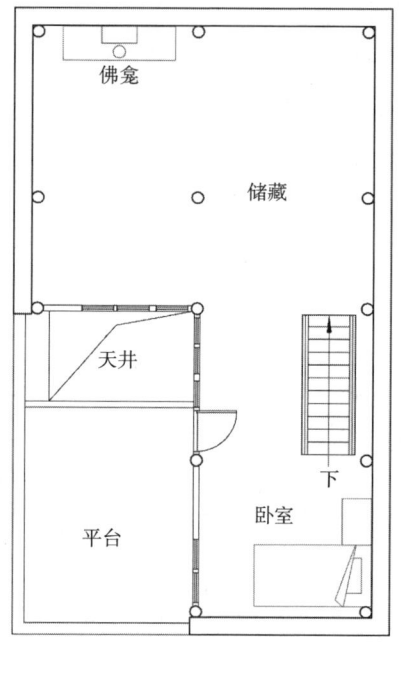

图4-37 苍台村民居4的建筑平面图

图4-38 苍台村民居4的楼梯与二层平台及天井

9. 红河州建水县苍台村—民居5（图4-39~图4-43）

该民居为二层的独栋土掌房建筑，建筑两侧毗邻村中街道，二层平台横跨街道。一层中间部分为堂屋，厨房与卧室位于堂屋两侧。一层卧室设置室内窗，用来采光通风。楼梯位于入口右侧靠墙处，楼梯所在空间同时布置洗衣和储藏空间。

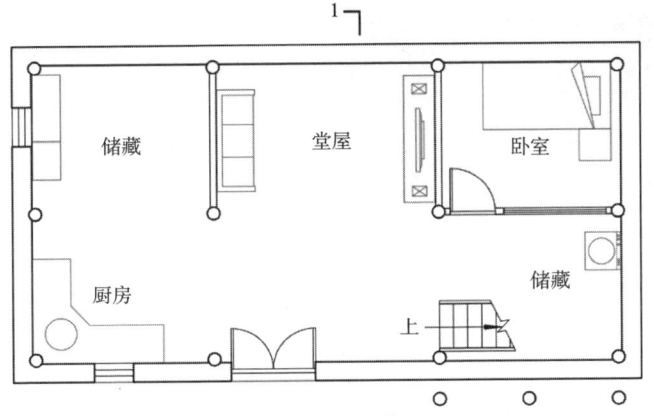

图4-40 苍台村民居5的两侧毗邻村道

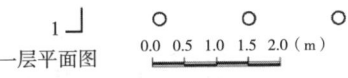

图4-39 苍台村民居5的建筑平面图（1）

图4-41 苍台村民居5的厨房

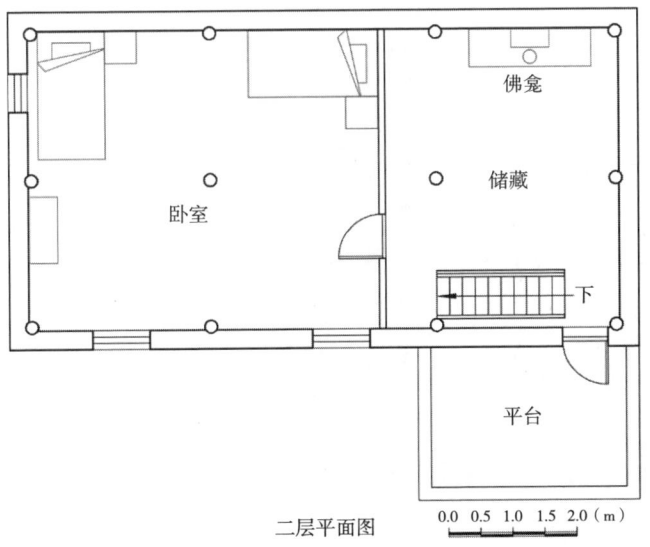

图4-42 苍台村民居5的建筑平面图（2）

图4-43 苍台村民居5的楼梯空间与二层平台

第四章 云南土掌房民居建筑 069

二层通过木板墙把空间分为两个部分，西侧为卧室，东侧为储藏和祭祀空间。二层有门与平台连接，二层平台现为放置木柴等杂物的场所，从二层平台通过爬梯可到达屋顶平台，屋顶平台为粮食晾晒空间[67]。

10. 红河州红河县坝兰小寨子民居（图4-44）

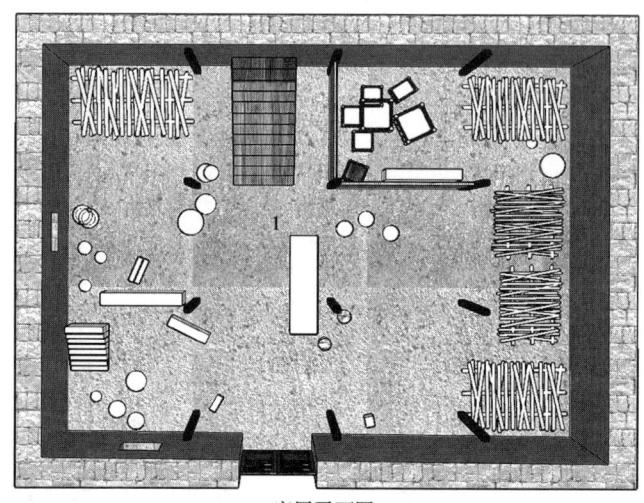

底层平面图

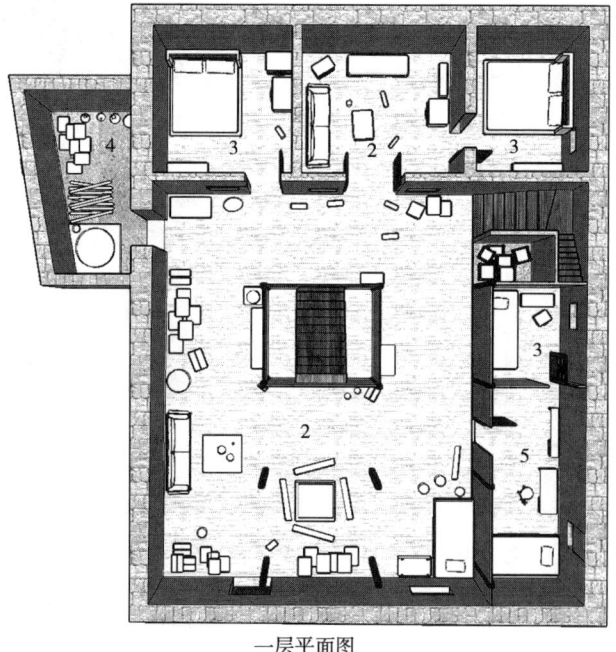

1 底层杂物空间
2 起居空间
3 卧室
4 厨房
5 书房

0.0 1.0 2.0（m）
0.5 1.5

一层平面图

图4-44 红河州红河县坝兰小寨子民居平面图

11. 红河州红河县坝兰上寨子民居（图4-45）

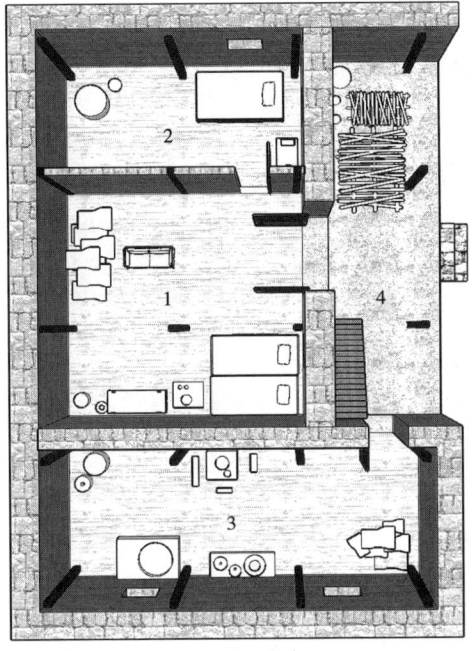

一层平面图

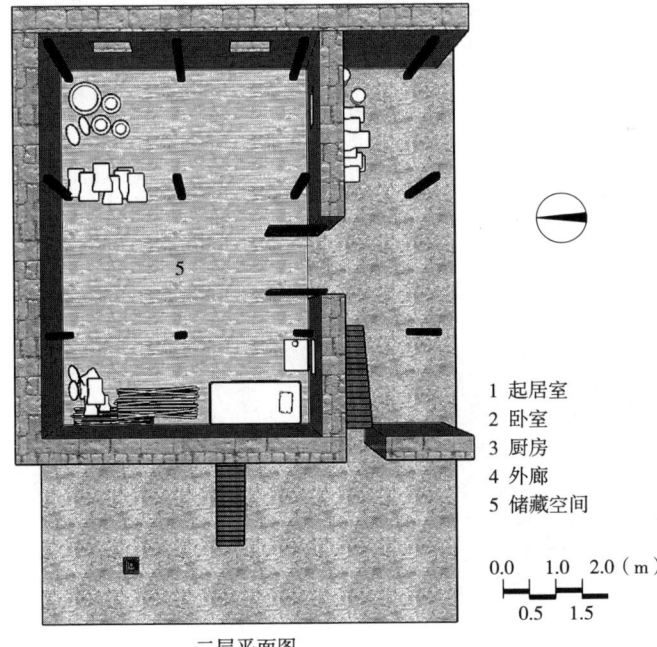

1 起居室
2 卧室
3 厨房
4 外廊
5 储藏空间

二层平面图

图4-45 红河州红河县坝兰上寨子民居平面图

12. 红河州红河县曼坤村民居（图4-46）

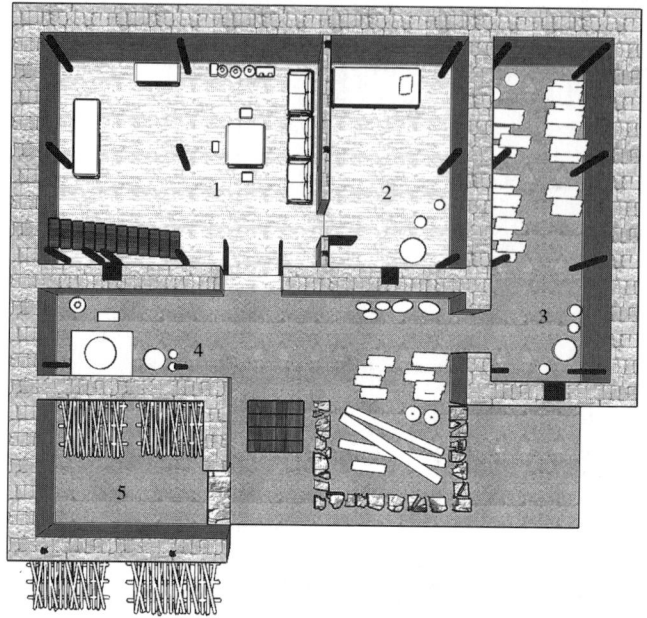

一层平面图

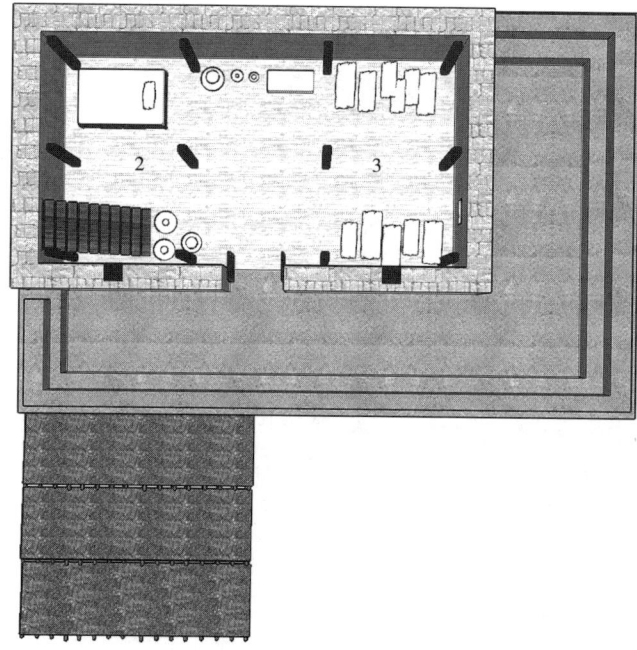

二层平面图

图4-46 曼坤村民居平面图

1 起居室
2 卧室
3 储藏空间
4 厨房
5 柴房

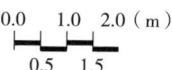

13. 迪庆州维西县结义村—民居1（图4-47）

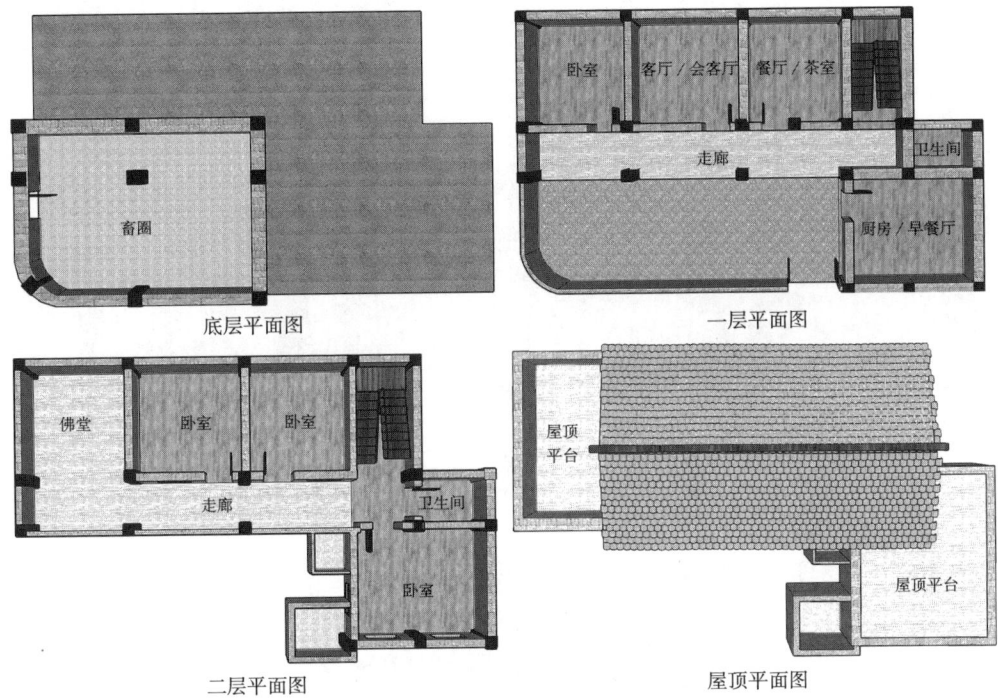

图4-47　迪庆州维西县结义村民居1平面图

14. 迪庆州维西县结义村—民居2（图4-48）

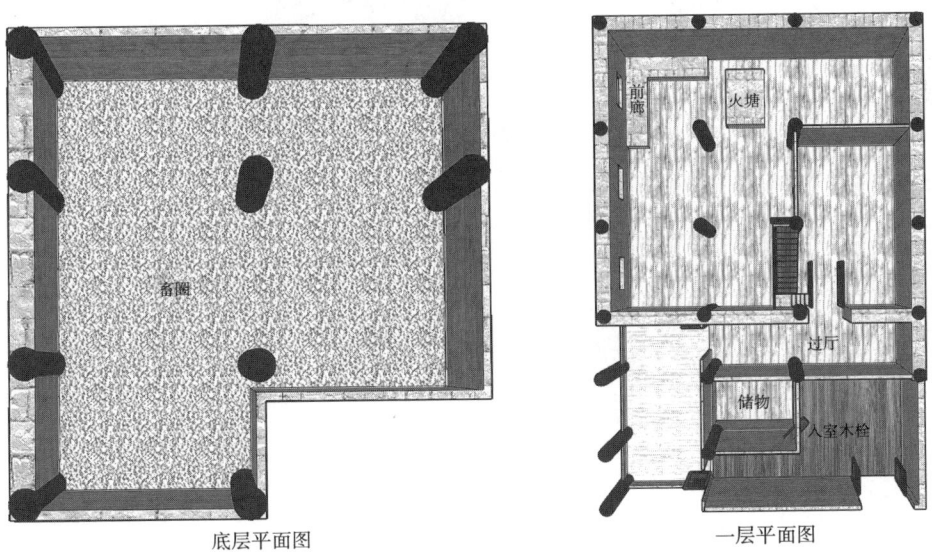

图4-48　迪庆州维西县结义村民居2平面图

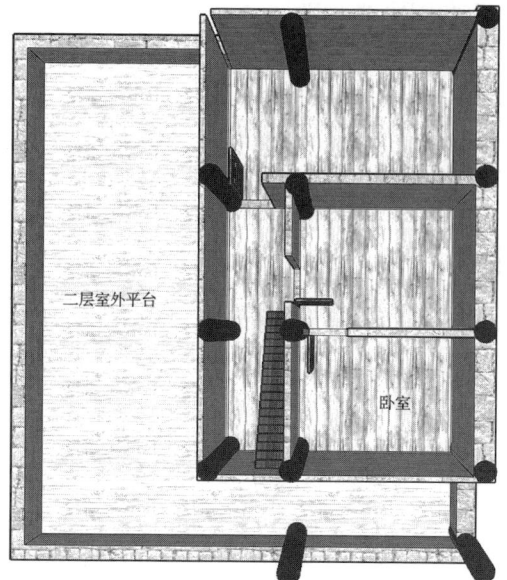

二层平面图

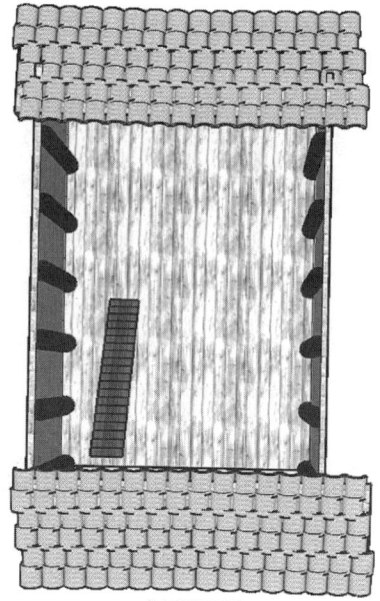

夹层平面图

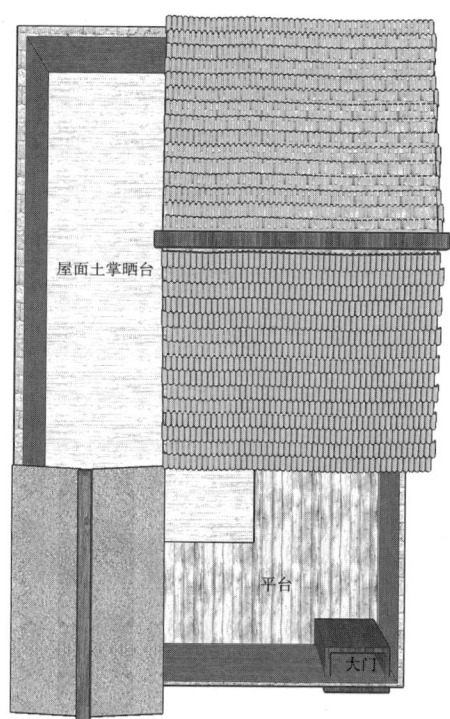

屋顶平面图

图4-48 迪庆州维西县结义村民居2平面图（续）

15. 迪庆州德钦县江坡村—民居1（图4-49）

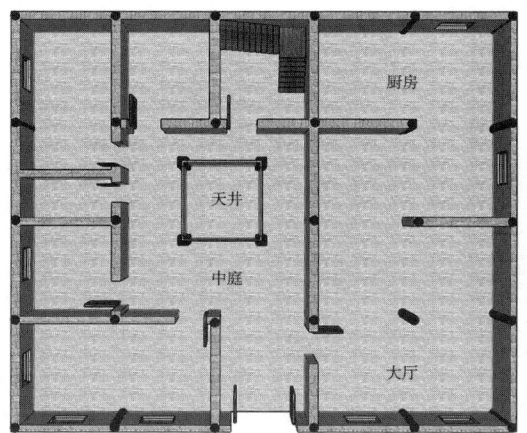
一层平面图

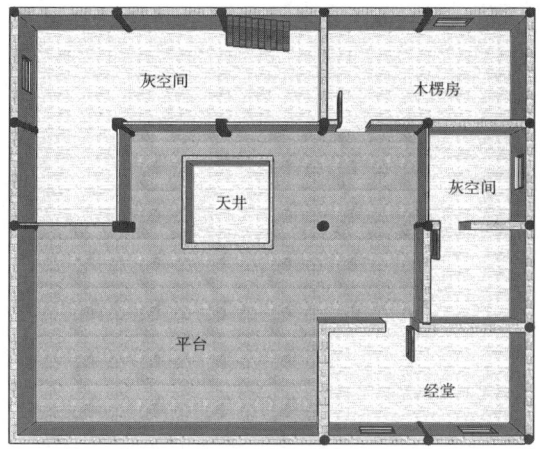
二层平面图

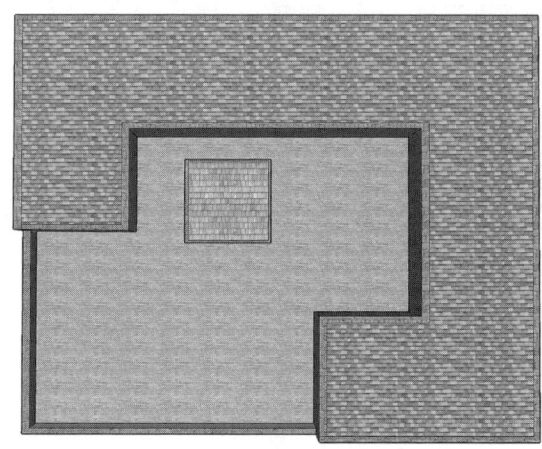
屋顶平面图

图4-49 迪庆州德钦县江坡村民居1平面图

16. 迪庆州德钦县江坡村—民居2（图4-50）

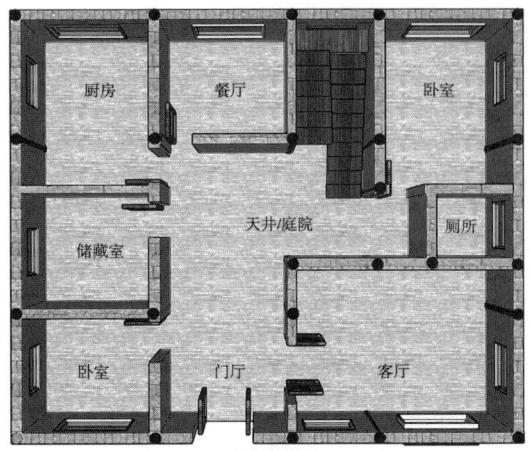

一层平面图

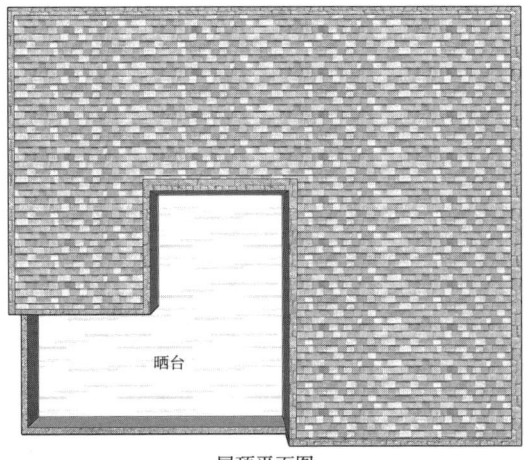

二层平面图

屋顶平面图

图4-50　迪庆州德钦县佛山乡江坡村民居2平面图

17. 迪庆州香格里拉市汤堆村民居（图4-51）

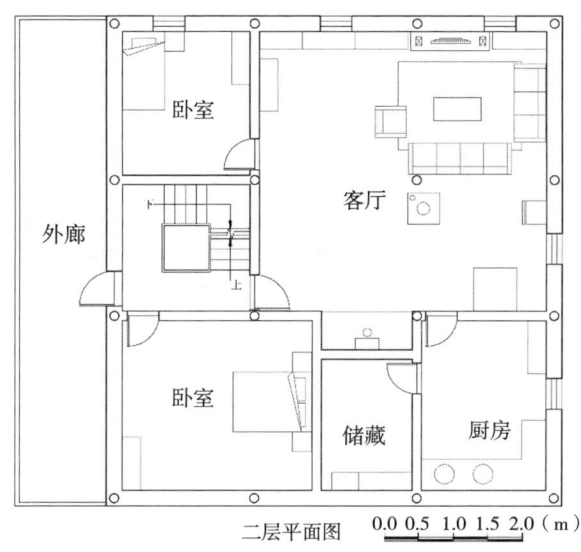

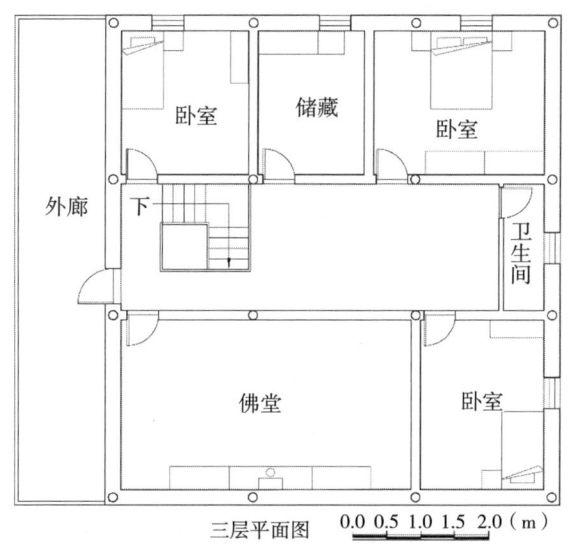

图4-51 迪庆州香格里拉市汤堆村民居平面图

该民居是位于迪庆州香格里拉市尼西乡汤堆村的土掌房，沿袭了藏族传统民居的形式。房屋有三层，底层养牲畜；二层主要为生活空间，有客厅、厨房、卧室，主要是家人居住活动及储藏；三层为佛堂、喇嘛净室，特别是烧香台必在第三层，主要是藏族人居的精神空间[69]。

18. 迪庆州香格里拉市汤满村—民居1（图4-52）

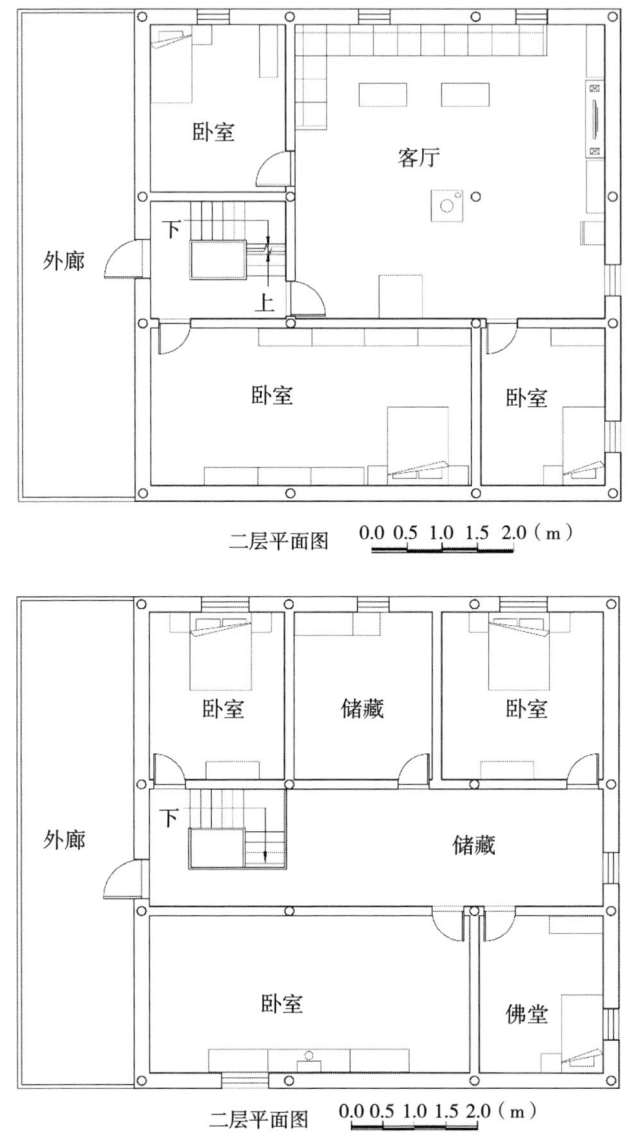

图4-52 迪庆州香格里拉市尼西乡汤满村民居1平面图

该民居是位于迪庆州香格里拉市尼西乡汤满村的藏式土掌房。此民居有三层，底层养牲畜；二层为村民主要的活动空间，包含门厅、客厅与卧室，通过楼梯间可以进入二层的外廊；三层有佛堂、储藏室、两间客卧，佛堂是藏族人居的精神空间，储藏室主要用于存放粮食等杂物。

19. 迪庆州香格里拉市汤满村一民居2（图4-53）

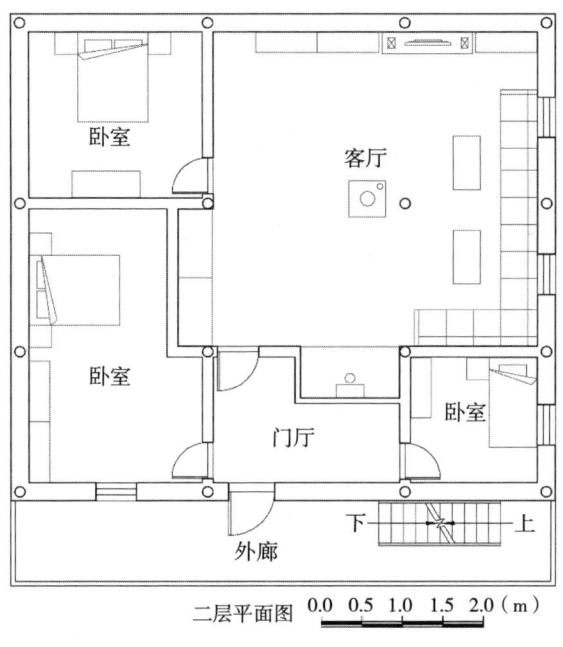

图4-53 迪庆州香格里拉市汤满村民居2平面图

二、土掌房民居建筑立面特征及剖面特征

（一）土掌房立面特征

1. 红河州泸西县城子村—民居1（图4-54、图4-55）

城子村民居1为二层平屋顶土掌房，整个建筑建在高1.2m左右的石材地基上，一层设有外廊。

整个建筑的后侧及两侧的墙体为土坯砖砌筑而成，前侧墙体一层部分用红砖砌筑，部分用青砖砌筑，二层为木板墙体[70]。由于土质材料本身隔热性能优良，大面积的土坯砖砌墙体能保持室内冬暖夏凉、昼凉夜暖[71]。在窗户设置上，一般土掌房都在面向内院的墙面上开窗。该民居也采用了这样的开窗方式，一层的堂屋整个开间设置为门联窗形式，一层左侧卧室设置有一个尺寸较小的窗户，二层左侧设置有较大尺寸的窗户。

图4-54 城子村民居1立面图

图4-55 城子村民居1的建筑局部图

2. 红河州泸西县城子村—民居2(图4-56、图4-57)

该民居为二层平屋顶的土掌房,整个建筑建立在夯土地基上。一层设有门廊,楼梯位于一层门廊左侧。整个建筑的后侧及两侧墙体以及一层部分墙体均为夯土而成,二层南侧墙体为木板墙体。关于窗户设置,一层堂屋所在整个开间的南侧墙体设置为门联窗形式,窗户为木刻花窗,二层所对应的位置设置有连续木栅窗,一层、二层右侧均开设有较小尺寸的窗户[72]。

图4-56 城子村民居2立面图

图4-57 城子村民居2的建筑局部图

第四章 云南土掌房民居建筑 081

3. 红河州泸西县城子村—民居3（图4-58、图4-59）

该民居为独栋式二层平顶式土掌房。墙体主要为土坯砖砌墙体，为了减少雨水对墙体的破坏，建筑屋顶挑檐较远[73]。该民居没有院落，建筑入口临街，入口所在位置的一层与二层墙体整体进行后退，同时一层入口处设置了门廊，突出了入口空间。整座建筑墙体开窗较少，且窗户尺寸较小，导致室内采光较差。

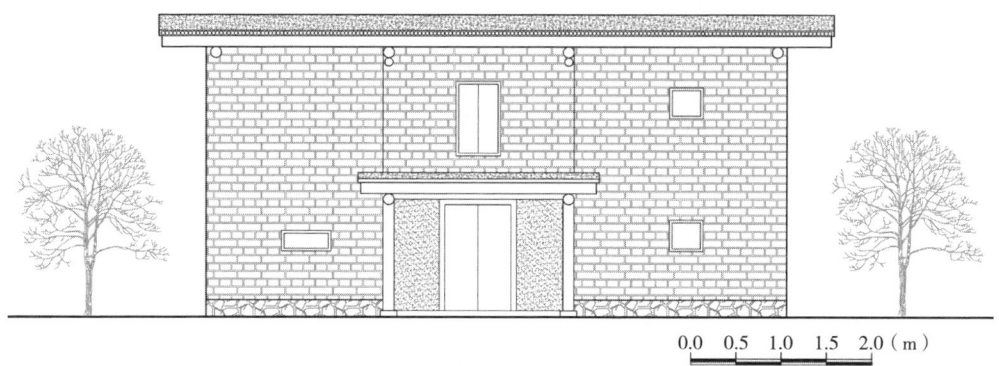

图4-58 城子村民居3立面图

图4-59 城子村民居3的建筑局部图

4. 红河州泸西县城子村—民居4（图4-60、图4-61）

该民居为合院式土掌房，整座民居建筑结合坡地地形建造，为地下一层，地上二层[74-76]。

建筑整体主要采用土坯砖砌墙体，二层正房南侧墙体采用了木板墙体，为了减少雨水对墙体的破坏，建筑屋顶挑檐较远。另外，整座建筑外侧墙体没有设置窗户，围绕天井的内侧墙体开设有窗户，以便采光通风。正房的一层堂屋所在整个开间的南侧墙体设置为门联窗形式，窗户为木刻花窗，二层对应位置的门也为带花窗的门。

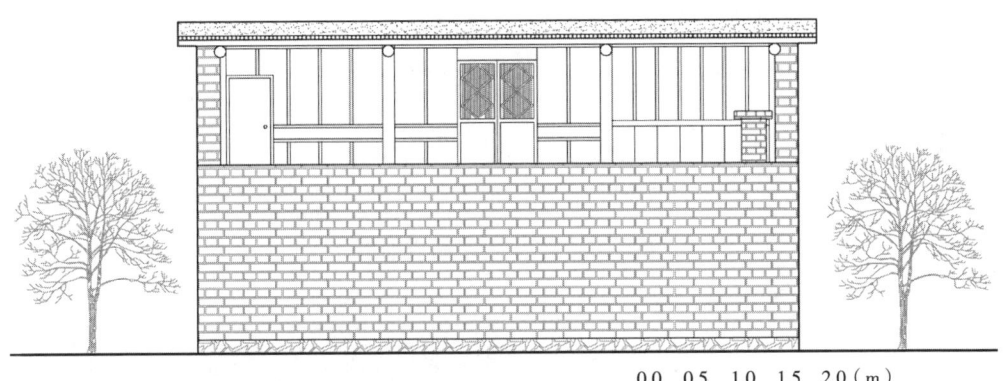

图4-60　城子村民居4立面图

图4-61　城子村民居4的天井及入口

5. 红河州建水县苍台村—民居1（图4-62、图4-63）

该民居为二层平屋顶土掌房。二层建筑面积较小，南侧局部空间后退形成平台，平台镂空女儿墙用红砖砌成。建筑墙体主要以土坯砖为主要材料，配合部分由红砖砌筑的二层平台女儿墙与二层部分外墙面。整个建筑两侧及后侧墙体并未开窗，而主要在面向院子一侧墙体开窗。一层窗户较小，二层窗户较大，采光较好。

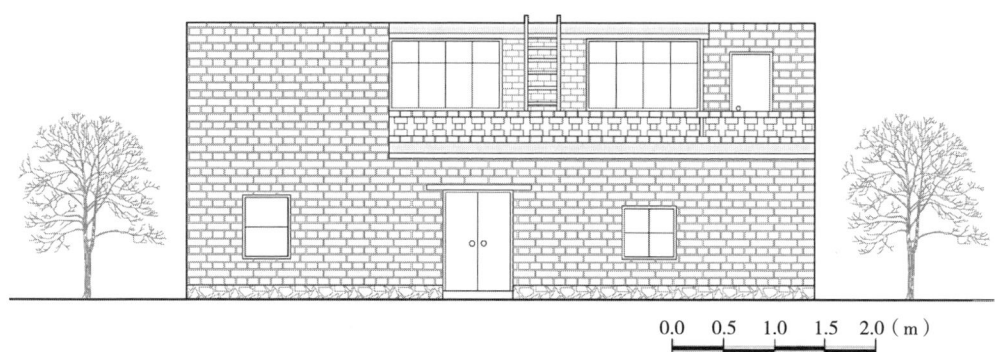

图4-62　苍台村民居1立面图

图4-63　苍台村民居1的建筑局部图

6. 红河州建水县苍台村一民居2（图4-64、图4-65）

该民居为三层平屋顶土掌房。建筑墙体以土坯砖作为主要材料，整座建筑利用地形搭建，一层进深较小，二层进深较大，三层空间进行后退形成平台。入口所在位置的一层与二层墙体为木板墙体，并整体进行了后退。整个建筑只有面向院子一侧的墙体有开窗，特别是建筑立面的二层和三层中间木板墙体处有较大尺寸的开窗，其余窗户尺寸比较小。

图4-64　苍台村民居2立面图

图4-65　苍台村民居2的建筑局部图

7. 红河州建水县苍台村—民居3（图4-66、图4-67）

该民居为两层平屋顶土掌房，为三开间，主体建筑一层右侧设置了一个单独的储藏室，储藏室屋顶为平台。整座建筑外墙面主要采用土坯砖砌成，和当地其他民居基本相同，只有面向院子的墙体设置有窗户，并且门窗大多未加固，只留出了洞口。

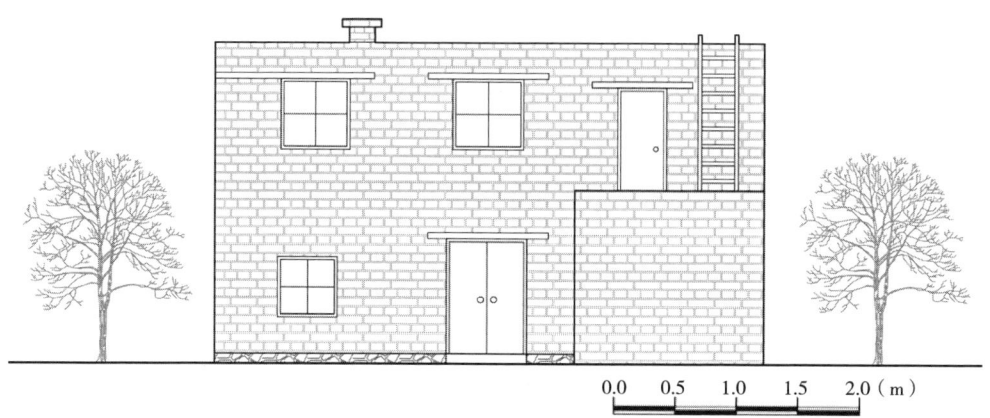

图4-66　苍台村民居3立面图

图4-67　苍台村民居3的建筑局部图

8. 红河州建水县苍台村—民居4（图4-68、图4-69）

该民居是少有的面宽较窄进深较长的土掌房。整座民居为二层平屋顶建筑，一层门厅上方为平台。整个建筑外墙面为土坯砖砌墙体，二层围绕天井和平台的墙体采用木板墙。建筑外墙开窗较少，但在二层围绕天井和平台的木板墙体有较大的连续开窗。

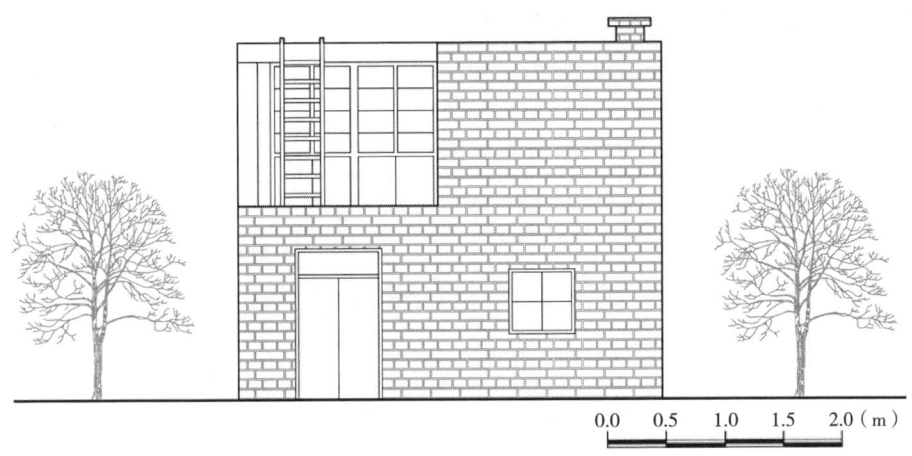

图4-68　苍台村民居4立面图

图4-69　苍台村民居4的建筑局部图

9. 红河州建水县苍台村—民居5（图4-70、图4-71）

该民居为独栋式三开间的二层平屋顶土掌房。主体建筑的东侧设置有跨街的平台。整个建筑采用石材作墙基，外墙使用土坯砖砌而成，主要在南侧进行开窗，一层开窗较小，二层开窗较大。

通过总结苍台村各民居建筑立面特点可以发现，苍台村民居建筑围护结构以夯土或土坯砖为主要建筑材料，配合木构架的结构支撑，整体以纯粹的几何形体呈现，并在村落层级的宏观视角上形成多样的体块组合关系[75, 76]。墙面上的洞口及插入墙内的杆子、管子等构件，在粗糙的墙面上形成有力的构成关系。

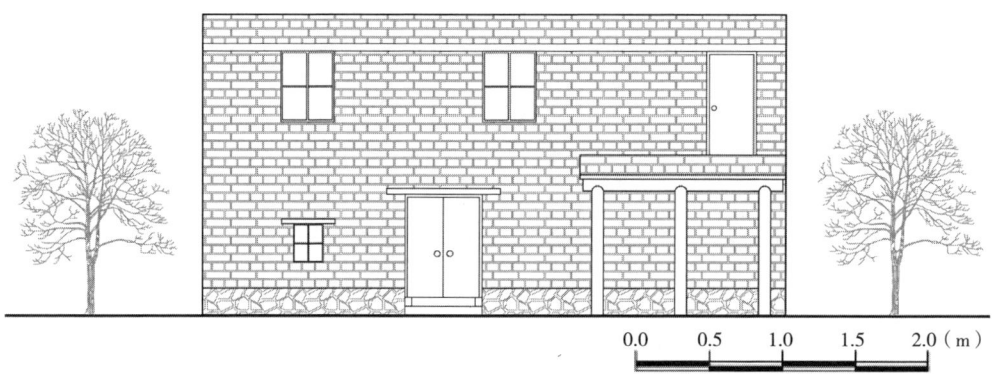

图4-70　苍台村民居5立面图

图4-71　苍台村民居5的建筑局部图

10. 红河州红河县坝兰小寨子、上寨子民居（图4-72）

小寨子民居建筑以土坯砖为主要建筑材料，为木构架平屋面土掌房，空间整体通过中间的天井和与其相对应的楼梯加以贯通。一层正立面构图被门洞破开，在入口门厅处形成起居空间。该民居最具特征的是其面向广场的二层立面上有一个"门"状的"窗"，维持立面整体构图的同时，还开阔了居住者的视野。

上寨子民居建筑主要建造材料为土坯砖，辅以木料和石材。从山墙侧看该民居为一个完整的矩形体量，同时还具备体量错层的特征，比如在南立面的二层空间内凹形成柱廊空间，在土掌房绝对体量内外的空间感中，添加了一个过渡和联系的层次，使其与周边其他土掌房住屋有一定区别。

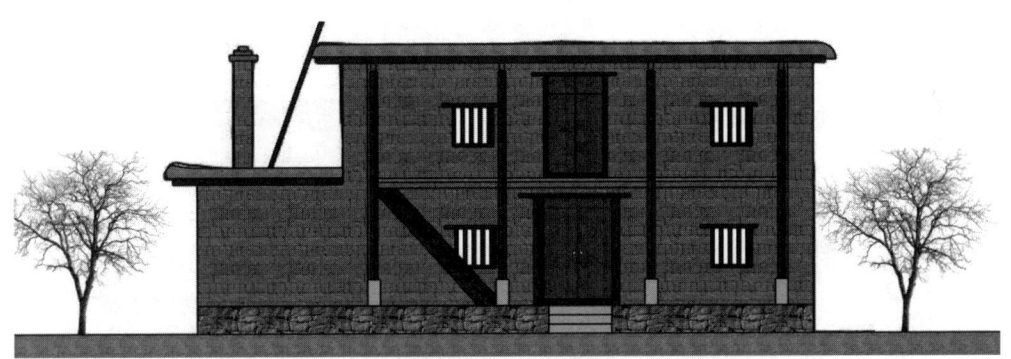

图4-72 红河州红河县迤萨镇坝兰小寨子、上寨子民居建筑立面图

11. 迪庆州德钦县江坡村—民居1（图4-73）

德钦县的藏式"碉楼"与香格里拉市的藏式"碉楼"相比，建筑尺度、收分都略小。民居一般为三层，高者可达四至五层，土木结构，砌石为基，夯土为墙；每层均架大梁，然后搭楼楞、垫细圆木、铺荆棘树叶、夯土掌，最后再加铺地板。屋顶用一种叫"阿朵萨"的黏性极强的土夯实抹平为土掌，主要作为脱粒、晒粮之所，三楼屋顶的一角设有香灶，插有玛尼旗。一般底层均为畜厩；二层为堂屋、卧室、仓库，堂屋中亦有火塘、神龛、水亭，有的在火塘正面还砌有灶台，供奉灶神；三层有经堂、卧室，经堂饰有油漆彩画，十分华丽。

图4-73　迪庆州德钦县江坡村民居1立面图

12. 迪庆州德钦县江坡村—民居2（图4-74）

图4-74　迪庆州德钦县佛山乡江坡村民居2立面图

13. 迪庆州维西县结义村—民居1（图4-75）

维西县的传统藏族民居形式大部分为藏式"碉楼"，但由于维西县独特的民族构成，造就了与众不同的藏式民居建筑。维西县内有傈僳族、藏族、纳西族、汉族等多个民族，民族间的文化融合对维西县藏式民居建筑产生了巨大的影响[77]。在维西县的藏式"碉楼"中，虽然仍能看出显著的藏式风格特色，但也融入了大量其他民族的元素。傈僳族的木楞房、汉族的合院布局民居等都对其产生了一定影响。

图4-75 迪庆州维西县巴迪乡结义民居1立面图

14. 迪庆州维西县结义村—民居2（图4-76）

图4-76 迪庆州维西县巴迪乡结义村民居2立面图

15. 红河州哈尼蘑菇房民居（图4-77）

蘑菇房立面是典型的三段式，即石勒脚、茅草顶、土坯墙。石勒脚高度一般在600～900mm之间，部分地势高差大的传统民居，底层整体用石块砌成勒脚。建筑高度约6～7m，屋顶形式为四坡茅草顶，坡度在35°～46°之间。外墙表面的通常做法是刷泥浆或石灰用来防水并保护墙体。墙体开窗数量少且较小，尺寸大多为600mm×800mm[78]。哈尼族人有时还会将牛粪贴在墙上，晒干后当作燃料或肥料使用[79]。

图4-77 哈尼族蘑菇房立面图

（二）各民族土掌房立面特征总结

1. 彝族土掌房（图4-78）

图4-78 彝族土掌房

（1）墙体

土掌房立面以石为墙基，用夯土墙体或用土坯砖垒砌成的墙体。由于外露受热面积较少，且土质本身隔热性能好，故能保持室内冬暖夏凉、昼凉夜暖。

建筑立面外观朴素，主要采用生土墙围合，辅以木材。墙厚在 600～700mm 之间，上窄下宽收分，生土墙立面上很少开窗。

（2）门窗

方形传统门窗、栏杆材料多为原木材质，颜色一般为原木色或深褐色，开窗尺寸通常较小。

（3）色彩

外墙以土黄色为主色调，勒脚以当地石材为主，内院墙体由土黄色墙体、原木色木门窗结合而成。

（4）屋顶

屋顶一般为平屋顶，檐口用泥抹面隆起。屋檐无装饰、较古朴，由松针与外墙面软硬材质结合构成。

2. 哈尼族蘑菇房（图4-79）

① 哈尼族蘑菇房墙体

② 哈尼族蘑菇房门窗

③ 哈尼族蘑菇房屋顶

图4-79 哈尼族蘑菇房墙体、门窗与屋顶

（1）墙体

哈尼族蘑菇房结构为木构架支撑生土墙围护建筑。墙基用石料或砖块砌成，地上地下各有0.5m；然后在墙基上用夹板将土舂实，一段段上移垒砌成墙；最后屋顶用多层茅草遮盖成四斜面。该民居多分为三层。

（2）门窗

哈尼族蘑菇房门窗材料通常采用木材，尺寸较小，仅在蘑菇房正立面设尺寸较大的入户门及大窗，侧立面及背立面开小窗或不开窗，增强墙体隔热性能的同时还可抵御寒风侵入。

（3）屋顶

哈尼族蘑菇房屋顶以竹木架、木制房梁和多层茅草顶构成，少数用瓦覆盖，外形酷似蘑菇，故得名蘑菇房。屋顶为坡屋顶，脊短坡陡，蘑菇房四坡茅草顶的坡度在35°~46°之间，屋顶铺茅草，茅草一般都是取自梯田[80, 81]。屋檐略微超出墙面，整个屋顶面结实不漏雨。草顶下部为正房，一般高二层；屋顶具有良好的保温散热性能，冬暖夏凉。

3. 德钦藏族土库房（图4-80）

① 土库房墙体

② 土库房门窗

③ 土库房屋顶晒台

图4-80 德钦藏族土库房墙体、门窗与屋顶晒台

（1）墙体
藏族土库房墙体下宽上窄，外形收分明显，角度一般在5°左右，使建筑物重心下移，以保证建筑物的稳定性。

（2）门窗
门楣、窗楣和檐口上都安装了梯形挡雨棚，梯形挡雨棚一般为两到三层，藏语称之为"巴苏"，不仅用于挡雨，还起到装饰作用。

（3）屋顶
屋顶采用一种黏性极强的泥土夯实抹平为土掌，主要为脱粒、晾晒粮食的场所。

4. 滇中傣族土掌房（图4-81~图4-83）

（1）墙体
傣族土掌房墙体一般为夯土墙或土坯墙。一层高约2.8m，二层约2.5m，总高约6m，门口设台阶和两根门柱，门柱为木柱和土基建构而成，下方为青石垫底，屋外为杂货区域与生活用品区域，门高约1.5m，门槛15cm，墙体上多开有长方形小窗，15cm×20cm，正门边设有宽40cm×60cm窗口。还有30~60cm左右的卵石墙角，增强了墙体的防雨水渗透的功能。

图4-81 滇中土掌房黄粉墙

图4-82　滇中土掌房坊木门窗　　　　　图4-83　滇中土掌房平屋顶
（图片来源：《云南农村民居室内功能提升导则》）　（图片来源：《云南农村民居室内功能提升导则》）

（2）门窗

通常在民居建筑二层设置木栅窗，窗口多为 20cm×30cm，以弥补采光和通风不足的问题。

（3）屋顶

沿着土掌房平屋顶四周再用泥土裹起一圈土边，土掌房平屋顶的主要功能是防风挡雨、晾晒、娱乐活动等。

（三）土掌房剖面特征

1. 结构类型

（1）以木框架为主要承重结构的类型

土坯墙或夯土墙只起围护作用，主要承重结构为木结构，墙体木构架与屋顶梁架连接，节点用榫头连接，在房屋大幅度摇摆时，只要节点、柱子不被损毁，承重结构就不会倒塌，因此该类房屋具有刚性、抗震能力强的优点。

以木框架与生土墙共同承重的结构体系具有相对独立性，即木框架和生土墙两个体系相对独立，木框架独立于生土墙之外，起到对二层楼板和屋顶的支撑作用，生土墙起辅助支撑屋顶、围护和分隔空间的作用。

火塘边的一根柱子，哈尼人称为"中柱"。中柱是哈尼族建房时第一根竖起来的柱子，它实际上起到给住宅定位的作用。在生活中，中柱是具有神圣意义的，除了平时不能被人随意触碰外，新米节时还要将刚成熟的稻谷割几穗下来，在祭祀祖先后绑在中柱上[82]。

（2）以生土墙为主要承重结构的类型

在生土墙上直接搭建楼板和屋面，大空间房型加设木柱以加强支撑，这类结构靠生土墙主要承重，木构架辅助支撑楼板和屋顶。其木框架嵌入夯土墙内，与之成为一体，共同承重[83]。

2. 构造特征

（1）土掌房的建造体系

土掌房建造体系分为四步[84]：房基建造—梁柱体系—筑墙盖顶—安门吉日。

1）房基建造：包括挖地基和建石基。

2）梁柱体系：

①立柱：又称竖柱，按照朝向方位要顺南向北，由左至右依次立柱200~240mm的圆柱于柱础（柱脚石）上。

②上梁包梁：框架立柱搭建后即可上梁，把直径300~500mm的圆木架到柱顶嵌入为大梁，上梁位对堂屋正中央的大梁要用红布包裹，由木匠钉实在顶梁正中并缠绕红毛线。

③点梁：点梁由老木匠在包梁挂红后"与梁沟通"，据村里木匠师傅说，点梁为"树神之王选作大梁"，寓意树神保佑、山神庇护，大梁是全屋的心脏，点梁可令全家高枕无忧，福寿绵延。

④接财与散福：屋主接财在点梁后用五谷杂粮和金银元宝撒在中柱四周的梁上，散福为石匠、木匠一起撒五谷元宝于中柱正中央的大梁上。

3）砌筑土墙及封顶

①墙体处理：立柱后用黏土舂筑为砌筑夯土墙体或土坯墙体。夯土墙体使用夹板固定往里填土（掺杂木屑、竹板、稻根等作为墙筋）并夯实至数米高，当地称为"搭墙"；土坯墙体又称砌筑土坯土基，原理同砌砖墙一样；墙体通常2~3m，砌好在梁上每3m搭放120~150mm的椽子，卯榫连接紧密结实，较少使用钉子等辅助，其上继续平铺劈柴、小木棍、稻草等，并不统一固定。

②屋顶处理：封顶在墙体砌筑好后，在屋顶檩条上依次铺100mm左右的柴条、50mm厚的松针、150~240mm的黏土，屋檐四周圈起一层"锅边"并用石板排水。因工程量大耗费人力，村里家家户户相互帮忙用木槌、榔头一气呵成捶打夯实，封屋顶担心雨天都是一天完工，全村出动也是有的，义务不酬的村民互助在城子村称之为"换活"。盖顶时分为三拨，一拨和泥一拨传递一拨填土效率极高，既有彝族互帮互助的邻里和睦，也有小农社会中生活需求的反映。建造顺序为：横梁上搭檩条→依次铺劈柴、木条→铺松毛与稻草→铺泥土稻根合成的泥巴→捶打夯实平整→屋檐四周起"锅边"→石板、瓦片收边设排水口。

（2）哈尼族蘑菇房的石勒脚[85]

建筑物的外墙与室外地面或散水接触部位墙体的石质加厚部分，防止地面水、屋檐滴下的雨水的侵蚀，从而保护墙面，保证室内干燥，提高建筑物的耐久性（图4-84、图4-85）。

图4-84　蘑菇房石勒脚
（图片来源：《云南农村民居室内功能提升导则》）

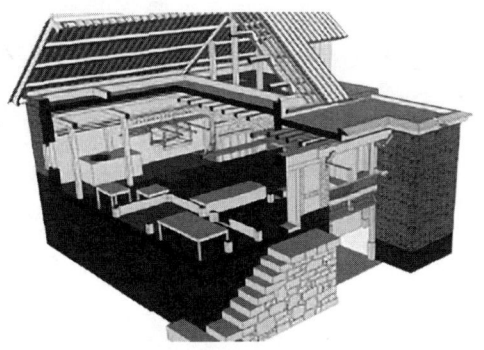
图4-85　哈尼村寨测绘图
（图片来源：《三个哈尼村寨的建筑测绘与分析》）

（四）土掌房剖面图谱

1. 红河州泸西县城子村—民居1（图4-86）

该民居建筑共两层，建筑内部没有明显高差，但建筑与室外院子间有较大高差，牲畜棚与一层之间有1.2m左右的高差。楼梯在一层室内空间外部灰空间处设置，可通向二层。

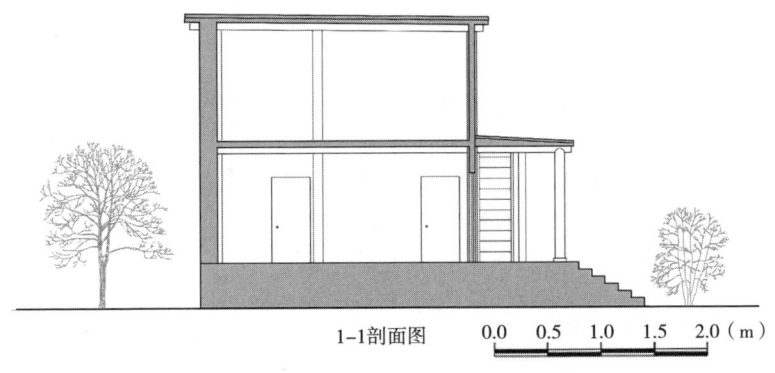
图4-86　城子村民居1剖面图

2. 红河州泸西县城子村—民居2、民居3（图4-87）

这两户民居的建筑剖面图较为相似，进深方向同为两跨，入口均有门廊，入户门上方二层均开有窗户，不同的是民居2建筑整体位于一个高出地面约0.5m的地基平台上，而民居3地基平台较矮。

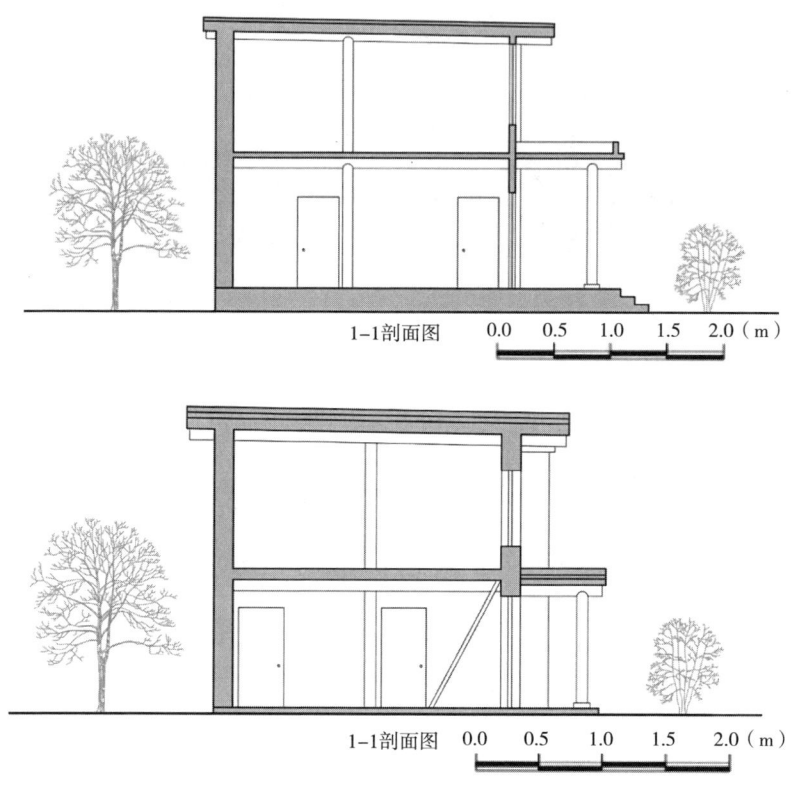

图4-87 城子村民居2、民居3剖面图

3. 红河州泸西县城子村—民居4、民居5（图4-88）

由于这一地区多山地，山体坡度较陡，且垂直气候明显，因此该地区土掌房大多占地小进深浅。该地居民有的用土或石头筑高台建房；有的向山体内挖浅坑，然后把挖出来的土填在下方形成小土台后再建房。

这两户民居建筑室内外都有较明显的高差，分别有负一层标高、一层标高、二层标高、屋顶标高四个不同标高。在地势较低处设置的地下空间，主要作为牲畜棚使用。民居4天井四周主要作为一层室外空间使用。

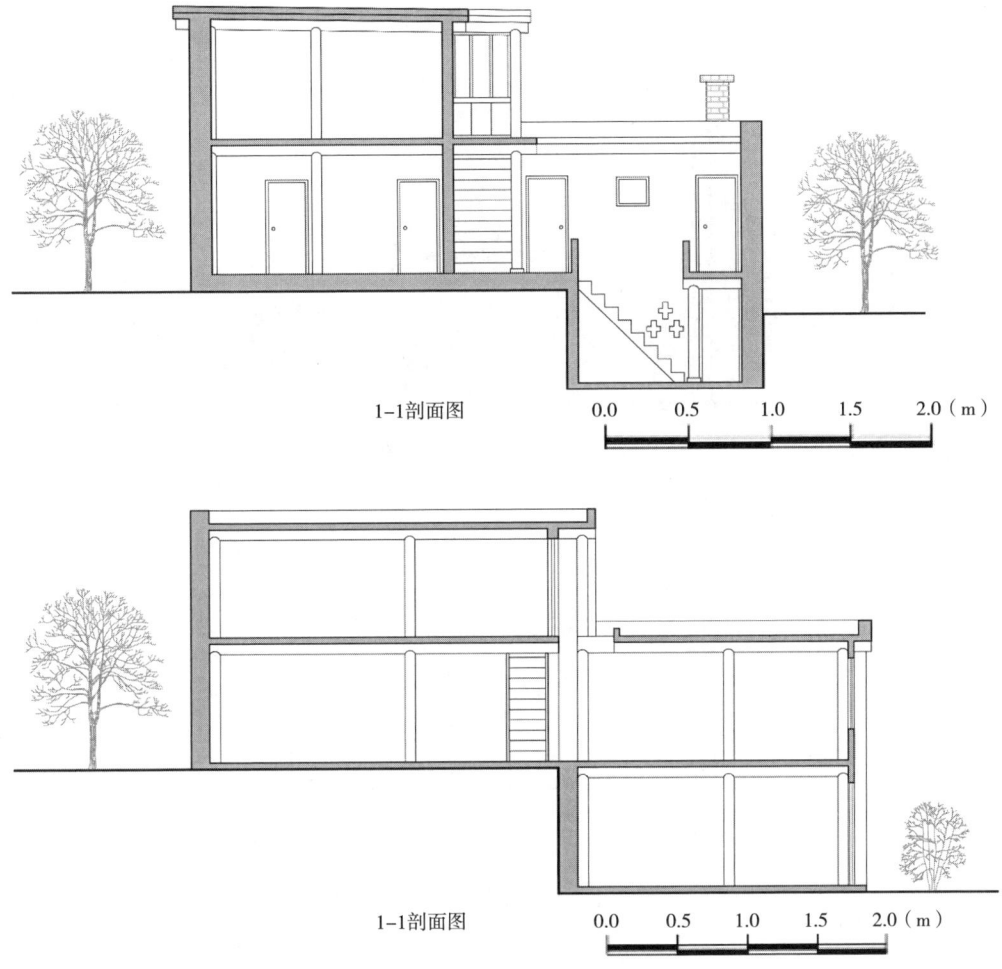

1-1剖面图

图4-88 城子村民居4、民居5剖面图

4. 红河州建水县苍台村—民居1、民居2（图4-89~图4-91）

民居1建筑共两层，室内外没有明显的高差起伏，室内楼梯直接通向二层。民居2同民居1基本类似，由于这一地区多山地，山体坡度较陡，且垂直气候明显，因此这个地区土掌房大多占地小进深浅。

5. 红河州建水县苍台村—民居3（图4-92）

该民居共两层，通过室内楼梯连接。从入口进入门厅，门厅正对堂屋，卧室与堂屋相连。一层内部作出抬升空间，门厅、起居室、厨房在三个不同的标高，将门厅、起居室、厨房通过高差分隔。

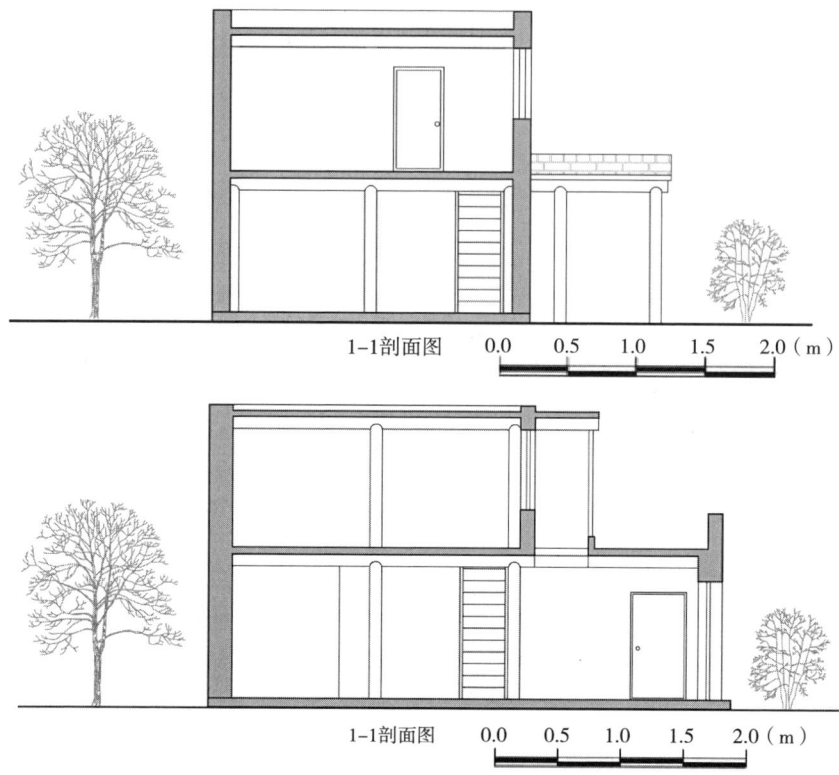

图4-89 苍台村民居1、民居2剖面图

图4-90 苍台村民居1与民居2的室内楼梯

图4-91 苍台村民居1门厅与左侧厨房的高差以及门厅与起居室的高差

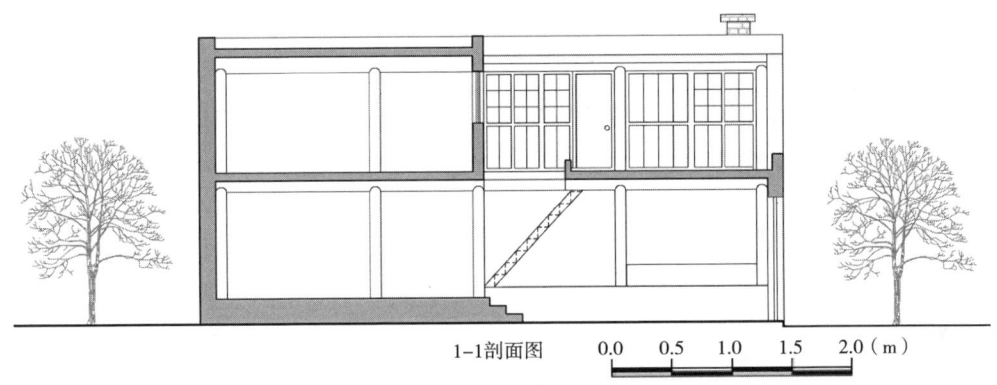

图4-92 苍台村民居3剖面图

6. 红河州红河县坝兰小寨子、上寨子（图4-93）

地处横断山脉纵谷区和哀牢山脉地区，地质构造复杂，古生代到新生代各种地层均有分布，地层断裂强烈，山体褶皱明显[83]。小寨子民居整体依地势而建，以圆木柱支撑辅以石块承重。建筑巧妙运用天井采光，在对应一层楼梯的位置，天光可以直接通过天井传递到一层。从正门进入较暗的室内空间后，会看到被天光打亮的台阶。这使一层储物区与二层居住区得以共享采光。

上寨子民居依山而建，整体结构与自然环境相适应。其墙上架梁，梁上铺木

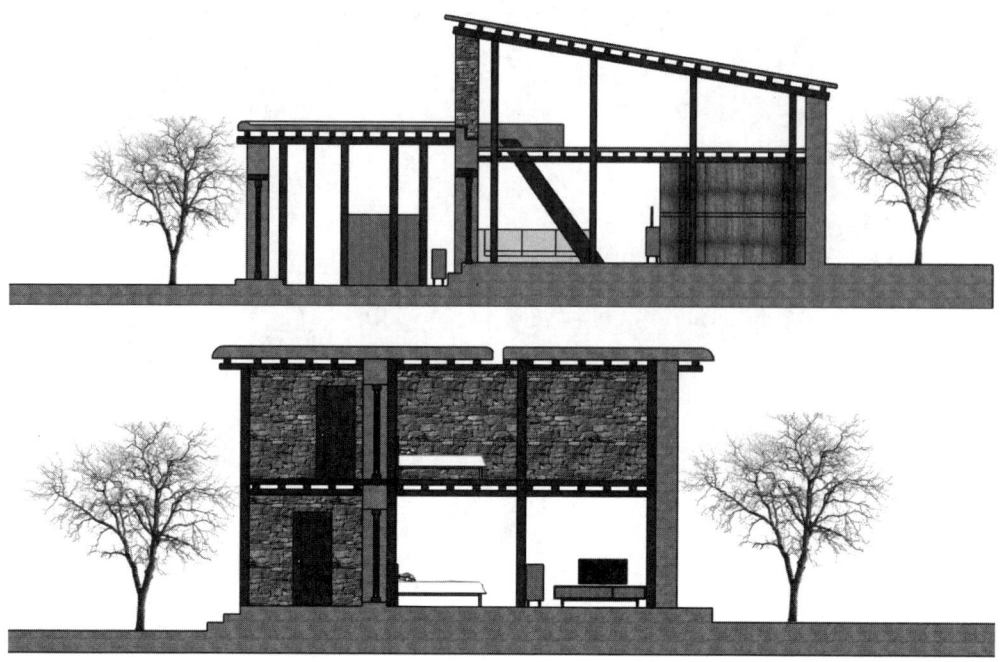

图4-93 红河州红河县迤萨镇坝兰小寨子、上寨子民居建筑剖面图

板,在承重的同时依山势对住宅功能区合理划分,使建筑兼具实用性与美观性,并与所处自然环境相融合。

7. 迪庆州维西县结义村一民居1(图4-94)

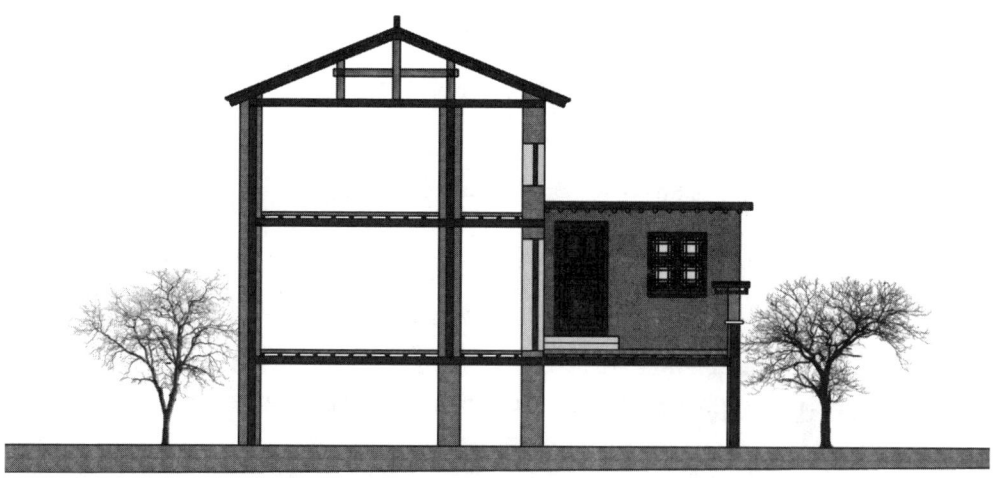

图4-94 迪庆州维西县巴迪乡结义村民居1剖面图

结义村的民居在结合其他民族特色的同时，空间布置上仍保存藏族传统民居的形式。一般房屋有三层，底层或地下一层养牲畜，二层或首层有客厅、厨房、卧室等，主要是家人居住活动及储藏，顶层为佛堂、净室等，主要是藏族人居的精神空间。

8. 迪庆州维西县结义村—民居2（图4-95）

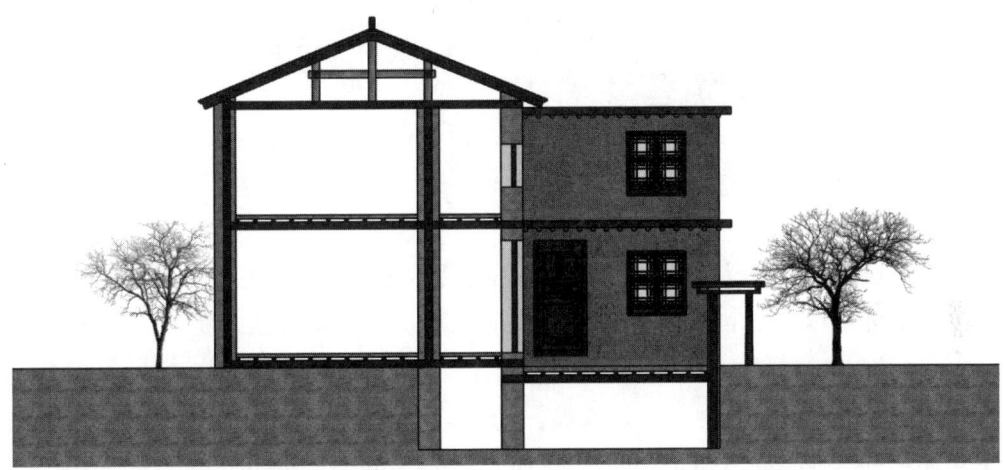

图4-95　迪庆州维西县巴迪乡结义村民居2剖面图

9. 哈尼族蘑菇房（图4-96）

图4-96　哈尼族蘑菇房剖面示意图

蘑菇房由生土墙、木构架和茅草顶组成[86]。生土墙是在墙基上用夹板将土舂实，一段段上移垒成的墙，而支撑结构是用木头搭建的类似于抬梁式的结构，屋顶是用多重茅草遮盖而成的四斜面。

二层晒台与正房前墙相接，为坚实的泥土平台，既可休憩纳凉又可晾晒收割的农作物。二层地板用木板直接铺在横梁上，三层地板用泥土覆盖，既能防火又能堆放物品。

三、土掌房的砌筑智慧

（一）适应气候的智慧

云南自然环境条件独特，滇西北地区的自然地理复杂，生态脆弱性高，经济发展相对滞后[87, 88]，高寒气候促使当地居民对房屋保温性要求极高，而土掌房的封闭性好，进深较大，在冬季能够起到保温御寒的效果。

滇南及滇东南为干热、湿热气候，生土资源丰富，形成了以生土为材料的土掌房民居建筑形式，土掌房的土墙热稳定性强，可以常年保持室内冬暖夏凉的状态[89]。

（二）节地关系的智慧

传统山地民居在建设过程中形成了与山地共融的适应性营建方式，以提升山地空间的利用率[90]。土掌房节地关系主要体现在建筑规模和空间布局两方面[91]。滇西北的土库房和碉楼普遍为三层，高者可达四至五层。最高层作会客用，中间层为家人居住生活空间，最底层主要用来圈养牲畜。滇中和滇南地区土掌房和蘑菇房顶层到屋顶主要用于储存粮食和婚嫁儿女居住，中间层分割成三间用作会客等用途，底层摆放农具。土掌房在竖向层面节约了空间，横向层面优化了房屋布局，最大程度节约用地。

（三）屋面建造的智慧

滇中和滇南地区土掌房通常为平屋顶形式[92]，前后家的平屋顶相互作为粮食晒台和后院，同时也是居民交往的公共空间。蘑菇房的坡屋顶檐口高于屋面，方便排除堆积的雨水。滇西北因为降雨量少，气候寒冷，土库房和碉楼普遍为双坡顶，且坡度较小没有屋脊，在部分河谷地带会采用退台平屋顶用于晾晒农作物。

（四）砌筑材料的智慧

滇中和滇南地区多雨，昼夜温差大，黏土和红土作为热容较大的材料[93]，通常是土掌房砌筑材料的首选。这些材料性能佳且易于获取、经济实惠，受到当地居民的青睐，例如蘑菇房建造所使用的石料、砌块、茅草等都是当地常见的材料。滇西北地区的土库房墙体和屋面都采用当地的土夯成，墙面采用深层的白土浇成白色，这些都是当地方便获取的原材料。体现了当地居民以人为本、天人合一的智慧[94]。

第五章 云南土掌房民居营造技术及装饰

从建筑物自身的角度出发，建筑物的基本功能有两个，即承载功能和围护功能[95]。建筑物的承载功能指的是其既要承受自身重量，还要承受人和家具、雨雪、强风、地震作用等荷载。土掌房民居的承载系统是由基础、土墙、木柱、土楼板、屋顶等共同组成的整体结构。围护结构按不同的条件，通过生土墙、木门窗等的设置，形成有机整体。位于滇中和滇南地区的彝族、哈尼族土掌房民居建筑以夯土或土坯筑墙、平顶覆土为核心特点，结合木构架支撑与分层夯筑技术，形成冬暖夏凉、防火耐用的多层土质平顶民居，适应山地地形与气候；位于滇西北平坝地区的藏族土库房以夯土或石砌厚墙承重、平顶覆土为核心，结合梯形墙体收分和窄窗设计，形成防风抗震、冬暖夏凉的厚重碉房式民居。

一、建造材料

（一）生态质朴的材料观念

建筑用什么材料，首先取决于该地区的资源。天然材料资源的分布是不平衡的、有地区性差异的，各有各的优势和劣势。生活在云南境内的少数民族，完全以自然环境为赖以生存的条件，通过利用自然资源进行创造和发明，延续其基本生存和族群发展[96]。这种利用自然资源的方式反映在建造活动的材料选择方面，就是因地制宜、就地取材的准则，当地民居对乡土材料的选择与运用，不仅体现了朴素的生态思想，还反映出民居建筑适应性建造的特征。这可以从哈尼族民间流传的史诗《十二奴局》《哈尼阿培聪坡坡》中深切地感受到：

"远古的哈尼师厄地方，觉麻、觉车和觉冲三兄弟住在云雾腾腾的森林里，为野兽和毒虫所扰不能安居，便离开去寻找传说中富饶的土地。走了两个九天九夜，来到一个好地方选址安寨。他们历尽千辛万苦，在山上挑选出最好的树木，在山坡上找到黄生生的茅草，在箐沟中割到牢牢的藤子，在山上找到俏生生的竹子，然后，又找到打土基的红土、选好牢固的地基，择好佳日立柱，盖起了新房，立三个石头当锅庄石。灰兰兰的炊烟升上天，引来四面八方的人都来这里安寨。人们在寨边找到一眼清澈的龙潭，便砌成水井,用红公鸡祭献天地,让天神地神保护龙潭。"

——《十二奴局》

"惹罗的哈尼是建寨的哈尼,一切要改过老样。难瞧难住的鸟窝房不能要了,先祖们盖起座座新房。惹罗高山红红绿绿,大地蘑菇遍地生长。小小蘑菇不怕风雨,美丽的样子叫人难忘。比着样子盖起蘑菇房,直到今天它还遍布哈尼家乡。

阿烟家三父子,是哈尼最早的木匠。他们砍来的梁柱,像龙神飞天一样标直;他们筑起的泥墙,像早晨的太阳一样金亮。

哈尼姑娘和媳妇,盖房时候最繁忙,姑娘上山割来茅草,媳妇下箐砍来竹竿。她们的草排,扎得像大雁展翅,千百只雁翅,落在蘑菇盖上。最后要立大门,黄心树扛到寨旁,做成的门板像蛋黄般好看,开门声像鸡叫一样响。"

——《哈尼阿培聪坡坡》

很明显,史诗中对哈尼族建寨建房的描述,形象而生动地向一代代哈尼族人传播着建房中选材、用材的经验与知识,客观地反映了人与自然的顺应关系,是民间建造智慧的结晶[97]。

云南土掌房民居多以土、木、竹、石、草等天然材料为主要建筑材料,各地方各民族的民居在建造时,依据功能需求、当地的生产生活习惯、审美意趣来灵活选择运用,并呈现出独特的建造方式,以此来适应不同的地形和气候条件。

(二)地方乡土材料的选择运用

不同的材料决定着不同的建构方式,不同的建构方式决定着不同的建筑形式[98]。云南的自然环境条件,给人们提供了不同的建筑材料资源,无论是土、竹、木、石、草等天然材料,或是砖、瓦等人工材料,都能以各自不同的物理性能解决和满足与结构构造、建筑空间以及居住者使用的相关问题和需求。从具体的建造材料上看,传统土掌房民居主要由当地生土、木、石(块石、卵石)、草(山茅草、稻草、麦秸、麻秆)、竹等天然材料和砖、瓦、石灰等人工材料组合而成,其特点真实地表达了每种材料的特性,体现了人们对乡土材料独特的理解与感知[99]。

在土掌房民居的材料选择上，木材、石头和砖属于结构用材，竹子、草和瓦属于覆面用材，而生土视具体情况既可作为结构用材又可作为覆面用材使用（表5-1～表5-3）具有地域材料适应性[100]。

平顶土掌房材料分类　　　　　　　　　　表5-1

材料种类	结构用材	覆面用材	运用部位	区位	地区
土	●	●	墙、屋顶	滇中温和温热地区	双柏 泸西 新平 元江
石	●		墙基、柱础、墙、地面		
木	●		墙、楼板		
瓦		●	屋顶		
草		●	屋顶		

坡顶土掌房、蘑菇房民居材料分类　　　　　表5-2

材料种类	结构用材	覆面用材	运用部位	区位	地区
土	●	●	墙、屋顶	滇南干热地区	红河 元阳
石	●		墙基、柱础、墙、地面		
砖	●		墙		
瓦		●	屋顶		
木	●		墙、楼板、屋顶		
竹		●	墙、楼板、屋顶		
草		●	屋顶		

藏族碉楼、土库房民居材料分类　　　　　　表5-3

材料种类	结构用材	覆面用材	运用部位	区位	地区
土	●	●	墙、屋顶	滇西北高寒地区	香格里拉 德钦 丽江
石	●		墙基、柱础、墙、地面		
砖	●		墙		
瓦		●	屋顶		
木	●		墙、楼板、屋顶		

（三）结构用材

一般来说，为满足不同建筑的空间需求，可以把各类建筑物的承载系统大致分为墙承载系统和柱承载系统两种体系[95]。土掌房民居本质上是一种由木框架和土墙共同承重的土木结构体系，属于以上两种承重体系的结合，即柱、墙混合承载的结构体系，木材和生土为主要结构材料。木构架与生土墙是构成了两个相对独立的结构体系，木柱一般裸露于墙体之外支撑起二、三层的木梁，并与墙体一起支撑楼板与屋顶；生土墙不仅与木构架一起起到承重作用，还具有分隔空间的功能。

1. 土

（1）云南土壤的分布与特点

生土是指极少含有动植物的腐殖质、土质僵硬、透水性差、缺乏植物生长营养的土层。生土建筑指的是利用未经焙烧的土壤或简单加工的原状土作为主体材料，辅以木、石等天然材料营建主体结构的建筑。按结构形式和建造工艺可将生土建筑分为生土窑洞、土坯窑洞、土坯建筑、夯土建筑、掩土建筑、混合泥土建筑等。生土建筑以其天然的物理性能，具有蓄热、隔热、隔声、防辐射等优点，且可就地取材、方便经济、可塑性强，容易与自然环境相协调，是人类使用历史最为悠久、分布地域最为广阔的建筑类型，也是中国传统建筑文化发展体系的主要根源。"据估计，世界上超过30%的人口居住在泥土（主要是土坯）建筑中"[101]。土掌房民居以生土为主要的建筑结构材料，是云南生土建筑的一种典型类型，广泛分布于滇西北的高寒地区、寒温地区，滇南干热地区和滇中温和温热地区，适用于不同的自然气候条件。

作为云南省内生土建筑的典型代表，土掌房民居源于对土壤物理特征的发挥和经营。根据全省第二次土壤普查资料，云南土壤共有7个土纲、14个亚纲、19个土类、34个亚类。其中铁铝土纲（砖红壤、赤红壤、红壤、黄壤）占土壤总面积的55.32%，是云南省的主要土壤类型，淋溶土纲（黄棕壤、棕壤、暗棕壤、棕色针叶林土）占19.27%，半淋溶土纲（燥红土、褐土）占1.43%，初育土纲（紫色土、石灰土、火山灰土、新积土）占18.17%，水成土纲（沼泽土）占0.02%，高山土纲（亚高山草甸土、高山草甸土、高山寒漠土）占1.92%，人为土纲（水稻土）占3.87%[102]。土掌房民居所分布的滇南干热地区以红壤为主；滇中温和温热地区以红壤、黄棕壤为主；滇西北地区以黄棕壤、棕壤、暗棕壤等棕壤系列土壤为主。云南红壤一般土体深厚，黏粒含量普遍较高，同时黏粒基本由次生无机铁、铝矿物组成，容易胶结成水稳性相当好的类似团粒的假粉砂状结构，使其具有较好的透水透气性，疏松且富孔隙，显示出云南红壤"胶而不板，较易耕作"的特点。而黄棕壤类土壤黏粒含量一般比棕类土壤高，但比红壤又略低[103]。

从力学性能上看，土壤的特性因土质类别不同而有较大的差异。《岩土工程勘察规范》按照颗粒级配或者塑性指数等指标将土分为：黏性土、碎石土、砂土、粉土等。黏土的塑性指数较高$I_P>10$，塑性好，便于夯筑成型，也可以根据施工建造的需要，加工成任意形状。夯实后，黏土内部相互之间的拉结力较强，土块整体的抗拉抗剪强度都强于黏性较低的砂土，是民居中使用较多的原生建筑材料。碎石土、砂土、粉土由于易松散，不适合作建筑材料，一般只用在建筑物的地基。

综上所述，生土作为广泛的建筑材料，在云南普遍使用的原因有以下几点：

①云南有丰富的黏土资源，土层深厚且容易挖掘，而且多数地方的土具有含砂量少、黏性大的物理特征，容易拌水成泥；

②生土随地可取、方便经济，且因其热惰性指标较大，保温隔热性能好，广为居住在干热地区和干冷地区的居民所使用。

（2）土掌房民居中的生土运用

新云南十八怪中的"泥土当瓦盖"正是出自土掌房[104]。生土是各处均易得到的材料，但品质有优有劣，用法也不同[105]。生土具有可循环的特点[106]。在土掌房民居中，生土运用主要有三个方面：夯筑成墙体、制作成土坯砖砌筑成墙体、夯实为密梁式夯土平顶。

夯筑墙体：无论是滇中和滇南地区彝族、傣族的土掌房，哈尼族的蘑菇房，还是滇西北地区藏族的碉楼和土库房，取生土使用模具直接夯筑外墙是最为普遍的做法。夯土墙体不仅作为围护结构分隔空间，还直接承担屋顶的重量，属于典型的承重墙体系。屋顶的梁、椽等构件通常直接架设在墙体上（图5-1）。

图5-1　夯筑墙体

土坯砖砌筑墙体：将配好的生土原料装入模具，压制成型后制成土坯砖，由土坯砖砌筑成墙体。这种方法是土掌房民居中生土运用的另一方面。与夯土墙相比，土坯砖尺寸较小、易风干、易施工，便于在不支模的情况下塑造建筑形体。在实际使用中，土坯砖多在外墙的顶端或砌筑一些非直角的形体（图5-2）。

密梁式夯土平顶：以木材为梁架，在密梁加细枝柴草上铺设一层厚土作土平顶。覆面土层的加设除了调节室内气温的主要作用外，还可以满足山地地区农作物

图5-2　制成土坯砖砌筑墙体　　　　　图5-3　密梁式夯土平顶

晾晒的需要。厚重的土层增加了不少对结构的荷载，因此长时间使用后，楼板局部会因结构强度不够出现塌陷的可能。可在当时有限的技术条件下，充分利用当地的材料来满足室内空间舒适度性的要求，结构受力的合理性便在其次了（图5-3）。

2. 石材

天然石材作为建筑材料使用古已有之，石材由于质地坚硬、性能稳定、经久耐用等特点，使得古老的建筑经历数千年的洗礼，在今天仍得以保存。例如大不列颠岛的巨石阵、尼罗河畔的金字塔、古希腊的雅典卫城、柬埔寨的吴哥窟、墨西哥的印第安土坯房[107]，以及我国众多的古塔、古桥梁等。在需要考虑经济性和技术水平的民居建筑中，石材只有在资源丰富、矿层分布较浅的地区才会被大量使用。

在石材产量不高的地区，仅在一些有耐磨、防潮要求的特殊部位，如台阶、柱础、墙体的基角等处才使用石材。因此，在一定程度上，民居建筑对石材的应用是较为生态和经济的。

（1）石材在云南的分布与特点

石材由矿物母体岩石加工而成，石材的分类与岩石相关。根据其形成的地质条件分为岩浆岩、沉积岩和变质岩三大类。它们的矿物组成、结构与构造不同，强度、硬度等性质差异较大，使用范围也不同。花岗石、石灰石和大理石在云南分布较为广泛，是主要的建筑石材来源。大理以洱海的卵石和大理石为主；滇中的石林地区，地表覆土较少，突露于土层之外的岩石成为石林地区民居的主要材料；滇西北的怒江、迪庆地区有大量的页岩分布，其自然形成的片状肌理，稍作加工便成为石闪片；滇西腾冲地区在地壳缝隙处有火山石分布，是腾冲民居的常用材料。

（2）土掌房民居中的石材运用

在土掌房民居中，石材运用主要有三个方面：砌筑作为墙基、加工作为柱础、加工作为地面和台阶。

砌筑作为墙基：石材具有吸水性弱、耐水性强、结构致密、抗压强度高等优点，是墙基的绝佳材料。彝族土掌房、哈尼族蘑菇房和藏族土库房均将石材与夯土（土坯）墙相结合，起到防潮、调节地坪的作用，同时石材也用于墙体转角处作加固保护（图5-4）。

图5-4　砌筑作为墙基

加工作为柱础：石柱础在中国木构建筑的发展史上有着举足轻重的地位。该构件在宋代被称作柱础，清代称柱顶石头，是卧置于木柱下的石材构件，主要为了扩大柱下的受力面积和对木柱的防潮处理。土掌房民居中的石材柱础较为自由，一般视地区环境各家经济条件，施以不同程度的加工，有整石加工为柱础的，也有用石块堆砌而成的。由于部分地区风大，飘雨角度较斜，檐柱较易沾雨，其下柱础高度相应也会较高（图5-5）。

图5-5　石材作为柱础

加工作为地面和台阶：对于楼地面来说，石材是一种较为奢华的建筑材料。只有经济条件较为富裕的家庭才会使用石板做地面铺装。但将石材加工为条石作为台阶使用的情况，在土掌房民居中是较为常见的。

3. 木材

在自然资源中，木材属于可再生资源，在合理采伐和种植的情况下，木材的使用并不会导致森林资源的匮乏。云南少数民族的生活与森林息息相关，在长期的生产实践中已形成一套与本民族经济生产相适应的生态系统和保持生态平衡的各种规章制度[108]。如一向崇尚自然的哈尼族对森林资源的开采本着"取之有度、用之有节"的原则，以确保其赖以生存的资源环境可持续发展。哈尼族对森林资源的保护和利用，主要通过分类管理来实现。根据不同的功能，森林被划分为六大功能林区：寨神林区、公墓坟山林区、村寨防风防火林区、传统经济植物林区、传统用材林区和边境防火林区。传统经济植物林区和传统用材林区实行适时封育、定期开放和开发，民居建房的用材均来源于这两种林区，在树种方面多选择易成材的云南松、麻栎、棕榈等普通树种。再如彝族聚居区有"密枝林"，通过公议村规民约的方式保护生态，任何人不得违反，否则会受到严厉的处罚。

从远古的巢居，到原始的地面住屋，再到当今云南随处可见的多种传统民居形式，以及与生活息息相关的家具、工具和生活用具等，木材一直为人们所大量使用。无论是彝族、普米族、纳西族、藏族的木楞闪片房，还是傣族、景颇族、德昂族、布朗族、壮族的干栏式民居，抑或是彝族、哈尼族的土掌房或蘑菇房，均对木材进行了不同程度的利用。如此广泛地利用木材来建盖自身生存、生活所需的居住空间，一是因云南森林覆盖率高（24%，高于全国12%的平均水平），森林蓄积量居全国第四位；二是与竹材相比，木材质地坚韧，可塑性大，容易加工雕凿榫卯、合理连接，在房屋构架、承重支撑或装饰雕刻等多方面，更能满足建筑工艺和使用的要求，具有相当的优越性和耐久性；三是可根据房屋所在地区的客观现实进行调整（如构架、尺度、用料大小、工艺精细等），以适应各地区寒暖不同的气候。因而木材被广泛运用于不同地区、不同类型、不同规模大小的建筑中（图5-6）。

图5-6　木材作为框架结构使用

彝族、傣族的土掌房，哈尼族的蘑菇房以及藏族的土库房，均以木材作为主要的结构材料，并对木材进行不同程度地运用。从哈尼族土掌房民居的实例来看，木材加工后主要用于架构空间、分隔房间、铺设楼板和屋面檩椽上[109, 110]。

架构空间：哈尼族土掌房民居从墙体到屋顶的主要材料都是生土，但是大部分土掌房的承重构架实际上是木框架。制作木柱和木梁的木材从山上伐来后鲜少进行加工，只作简单处理，一般是削成方形截面，立木柱支撑主梁，主梁上密铺木楞，构成木框架体系。土掌房的建造方式为逐层施工，木框架也是按照施工程序层层搭建，上下柱无绝对对位关系。由横梁与柱架连接的标高关系可以看出，木框架中的柱架为主要受力结构，横梁仅作拉结，这里的木框架体系实际上是一种单向受力体系。因此，外围的土墙（土坯或夯土）在结构上还分担一部分抗侧向力的作用，与木框架共同起到支撑屋顶和楼板的作用。

分隔房间：在哈尼族传统民居中，耳房朝院落一侧的墙及内墙不用土坯，而常用木板墙以节约空间。耳房的底层通常架空用于蓄养牲畜或者堆放杂物，二层用木板等轻质材料置于木框架之上起到围合的作用。木墙做法主要有两种，一是把木材加工成木板，木板侧面做企口，两两相连形成墙体；二是在相邻木板间加设竖向肋条。

铺设楼板和屋面檩椽：哈尼族民居建筑中的楼板是一种密梁楼板，做法是在木框架上直接密铺间距200～250mm的木椽条，椽条上再铺设竹条、木条或竹篾，然后糊草拌泥，最后铺厚土锤实形成土楼板。土掌房正房的屋顶多为双坡硬山顶的形式，屋面构造层次比较简单，先将未经加工的原木作为椽子平行铺设在屋架上，再用钉子与檩条相接，间距200mm左右，最后在檩条上铺设一层青瓦即可。

4. 竹材

（1）云南竹的分布与特点

中国是世界上最主要的竹产地，云南素有"竹类的故乡"之称。据相关研究资料数据表明，云南拥有竹类植物27属，200余种，约占世界总数的五分之一，占全中国的一半。云南的主要竹林类型达30多种，包括热性竹林、暖性竹林和寒性竹林，丛生、散生、混生和攀援状等各种生态类型的竹林皆有。云南的竹林面积以天然竹林为主，天然竹林占全省竹林面积的90%。云南无论是竹种资源，还是天然竹林面积，均居全国之首位。

云南竹林面积分布十分广泛，可划分为五个自然区：

①滇南热性大型丛生竹类区：主要分布于西双版纳、普洱、临沧、德宏及保山部分地区，竹用材有龙竹、黄竹、马蹄竹等。该区是云南省竹类资源最为丰富的地区。

②滇东南热性大中型混合生竹类区：主要分布于红河、文山两个州，以沙罗竹、中华大节竹为主。该竹类区交通条件较好，有利于开发。

③滇中暖性中型混合竹类区：竹种较单纯，竹林面积少。

④滇东北暖性中小型散生竹类区：主要分布于昭通地区，以天然邛竹林为主，兼有方竹、箭竹及人工栽培的慈竹、水竹、斑竹等。

⑤滇西北寒温性小型混生竹类区：主要分布于迪庆、丽江、大理等地区，优质竹种有坚硬耐腐的箭竹、叶片巨大的幅叶竹等，资源丰富，竹质较好。

（2）用途

竹是一种运用广泛的材料，不但具有生态价值，还具有优良的力学性能，被称为植物钢筋。竹竿部分质地坚固，弹性、纤维性能强，具有良好的弯曲性能和抗拉强度，是建筑竹材的主要来源。就使用状态来看，竹竿可整根使用，用作柱、梁、檩、椽等承重构件；可剖开展平成竹板，用作楼板、墙板；可划成竹篾用于绑扎；可编成篾笆作围护。另外，还可以编席、做门、做窗、做梯、做床……整座建筑皆可用竹为之。例如，哈尼族建寨必种竹，村寨周围、寺庙旁边和田边地角都广泛种植竹类植物，人们很早就知道将竹这种优质材料应用至生产生活的方方面面。

从土掌房民居基本应用形态来看，建筑竹材可分为原竹、竹条、竹篾三种。

原竹：原竹是竹子最为直接的利用形式，内部为带横隔板的空腔圆管结构，几乎完整保留了竹子杆状的力学性能。在横截面面积相同的条件下，原竹杆件较同样规格的木材具有较高的刚度和承载能力。哈尼人喜在村寨及自家院落周围栽种毛竹、龙竹、黄竹等胸径大于15cm的竹种，以及刚竹、石竹等胸径稍小（4~10cm）的品种。建造房屋时，遵循就地取材，物尽其用的原则。当木材短缺时，胸径较大（10cm以上）的原竹替代木椽条以支承楼板的重量，成为楼面体系的一部分，主要受弯和受剪。在海拔1700~2400m的云南山区的云南松林或阔叶林下，还生长着一种实心竹，胸径2.5~4cm，质地坚硬，极富韧性，耐腐性强。哈尼人不经加工，通常也将其原竹均匀铺设在次梁上作为楼板垫层使用。

竹条：竹条也可称为竹片或是竹笆条，由原竹沿纵向劈剖而成，竹条横截面两个方向的尺寸比较接近。传统竹条的加工与利用方式有：一剖为二仰合为瓦，"覆竹为屋"；一剖为四可编道，"编竹为垣"；或整竹剖裂压平用作轻型板材，用于地面或者望板。

竹篾：劈竹为篾，是对竹片的径向加工，在哈尼传统民居中，竹篾的应用可分为两种情况：一是编织成席，另一种用于绑扎。竹篾编织成席，铺设于木椽上打底，竹篾上再夯土形成楼板。绑扎用的篾，是传统竹构建筑应用最广泛的一种。早期哈尼族蘑菇房的草顶的骨架多采用原竹搭建，技术较为简单，形成屋架的原竹采用绑扎的方式进行固定。

（四）覆面用材

1. 草

在云南各少数民族民居中，以草作为屋顶覆盖材料较为常见，其以轻便、经济、保温、透气性好、易更换等优点深受广大民众所喜爱，最主要是大量用于各种形式的民居屋顶覆盖。

按使用草料的性质分类来看，云南地方民居屋顶所使用的草主要有山茅草、稻草、麦秸和麻秆几种。其中山茅草的滤水性较好、使用年限较长，且比其他几种建盖时用料少而薄。草屋顶的主要优点体现在其材质轻巧，与房屋结构构架粗陋、承重及稳定性差的实际情况相适应；经济实用，是一种几乎不用任何花费便可获得的天然材料；施工简便，几乎每户村民自己都会制作，且更换容易；保温隔热，用草铺盖的民居室内冬暖夏凉，透气性好，再加上居民日常在室内烧火做饭，日积月累的烟火在草屋顶内表面形成一层油膜，从而增强了防水性。

哈尼族蘑菇房民居最独特之处就在于使用草做屋顶材料。除我们所见山茅草覆面以外，农业产出的稻秆、稻草，都作为辅料共同构成蘑菇房的屋面。具有悠久历史和灿烂文化的山地梯田稻作农耕民族之一的哈尼族，很早就将稻秆、稻草等农作产物纳入民居建筑材料的选择，由于交通的闭塞，在瓦这种建筑材料传入哈尼族聚居腹地之前，以草作为坡屋顶覆面材料的传统延续了很长一段时间。哈尼梯田曾经培育出几百个传统稻作品种，这些传统稻作品种平均株高在1.3~1.5m不等，由此可见，高稻种的选择与建筑材料的补给具有一定的关联性。另外，草还作为"筋料"和生土混合在一起，结成网状增加生土墙体的抗拉强度。

2. 瓦

土顶房屋有易漏雨的缺点，在经济条件许可的情况下，于正房部分加建瓦顶，而厢房依旧保留土平顶以易于晾晒，成为彝族土掌房的另一种形式。

以草作为坡屋顶覆面材料的传统在哈尼族民居中延续了很长一段时间，但随着生活水平的改善，以及因梯田不同程度弃耕而导致的草料缺乏，哈尼族蘑菇房中使用小青瓦作为覆面材料的情况也变得较为常见。

木瓦（木闪片）为滇西北藏族土库房屋顶的主要材料，制作木瓦的木材取自藏区的原始森林，主要用材树种有云杉、冷杉等，将木材加工成板材，用于制作木瓦和覆板，规格约为100cm×13cm×2.5cm。由于雨光风雪的侵蚀，木瓦表面多呈灰黑色，一般3年左右须翻转，调换迎光面，7~8年须更换。

二、建筑构造特征

（一）建造过程

土掌房、蘑菇房、土库房，无论是哪种类型，大致都要经历"下地基、筑土墙、立木架和铺屋顶"四个步骤[11]（图5-7~图5-9）。

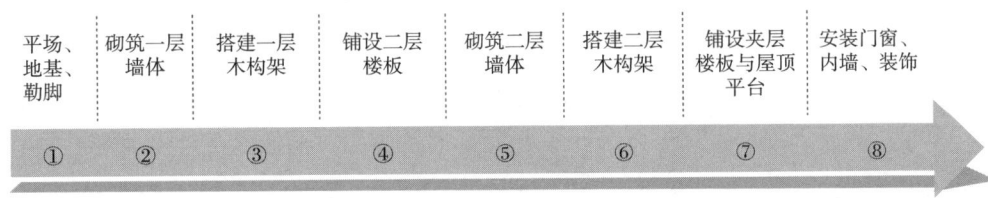

图5-7 彝族平顶土掌房建造步骤

图5-8 哈尼族坡顶土掌房、蘑菇房建造步骤

图5-9 藏族土库房建造步骤

（二）台基及屋身构造特征

1. 台基

基础指直接承载所有构件的地层构件，基础下面承受建筑物全部荷载的土体

或岩体称为地基。地基对于建筑物的坚固耐久有着非常重要的作用。在坡顶屋中，房屋的围护墙体基础一般是条形基础，柱基础一般为点式基础，一栋房屋往往是条形基础和点式基础相结合。条形基础基槽的宽度要略大于墙体，深度视土质而定。一般深挖到生土层夯实，铺一层较大石块的底石，用碎石和泥浆塞缝夯实，再砌上层石块，同样用碎石、泥浆填缝夯实，上层石块高约1m，其上筑墙体，柱基础一般夯实后上置柱础。平顶屋一般修建在坡地上，一般不开凿基础，仅在基础部位清除浮土浮石直至坚实的山石，凿平基底即可砌石。

2. 墙体

土掌房民居墙体按材料可分为土墙、竹墙和木墙三大类，每种类型的墙体又根据不同的构造做法细分为不同的子类（表5-4）。

墙体种类、做法及适用地区与建筑类型　　表5-4

墙体种类		做法和特征	适用部位	适用地区及建筑类型
土墙	夯土墙	取黏性较好的土，掺入一定比例的砂、石、竹、草筋等，装入预制夹板槽，依次逐层夯实	外墙	藏族土库房 彝族、哈尼族土掌房
	土坯墙	将黏土用模具制作成土坯砖，分层砌筑	外墙	彝族、哈尼族土掌房
	挂泥墙	也称为"泥塑竹墙"，做法是利用房屋自身竖向木框架，横向施3~5根木条简单固定于木框架上，再将竹片绑扎于横向木条的两面，中间填充生土	外墙	彝族、哈尼族土掌房
竹墙	竹篾墙	将竹劈成竹篾，再编织成片状，有多种纹理	外墙、内墙	彝族、哈尼族土掌房
	原竹墙	将原竹劈为半圆竹，或直接利用原竹排好，分上中下用横竹夹定捆牢	外墙	彝族、哈尼族土掌房
木墙	木板墙	木材加工为木板，两板之间企口连接	外墙、内墙	藏族土库房 彝族、哈尼族土掌房
	木楞墙	原木交错叠置，转角交叉咬合	外墙	藏族土库房 彝族、哈尼族土掌房
砖墙	"金包玉"墙	即墙外侧用砖（以土烧制，"熟土"谓"金"）砌筑，内侧用土坯砖（"生土"谓之"玉"）堆砌	外墙	哈尼族土掌房

（1）土墙

土掌房民居的土墙大多采用夯筑和土坯砌筑两种方式，也有将土"挂"在竹片上的挂泥墙做法。由于地域的差异，无论哪种墙体，做法也均不同。

①夯土墙

滇中滇南一带土掌房民居的夯土墙,厚40~60cm不等,采用独立模具,水平滑膜,单面墙完工后,再筑另一面墙。做法是取黏性较好的土,掺入一定比例的砂、石、竹、草筋等,装入预制夹板槽,依次逐层夯实。门窗洞口一般在夯筑完成后挖取,主要是因为上部还要继续施工夯筑,会产生较大的压力,下部空洞无法有效支撑上部土墙,若夯土力量过大,门窗过梁会被压断,从而引起墙体坍塌。

红河地区的槽形模具由木板、地公牛和插销组成。夹板槽尺寸通常为长约2~3m,宽约40~60cm,高约30~50cm。因每次夯筑的土质有所差别,墙体的形态与色泽沿水平方向通常会呈带状分布。隔一定距离还有直径约6~8cm的地公牛孔洞,这是施工过程在土墙夯筑过程中留下的痕迹。夯筑时,先将三块木板固定,另一面用一种称为"地公牛"的木棒卡接,以固定模具透空端的尺寸和形状,待这一墙体夯筑完成后,拆除地公牛,移动模板,再进行下一段的施工,地公牛就会在墙上留下圆孔。墙面上下的地公牛洞和前后期墙体缝位置要错位布置,避免形成通缝,以保持墙体的整体性。墙上的凹凸起伏是由于槽形模具内表面不光滑,拖动时留下的痕迹(图5-10、图5-11)。

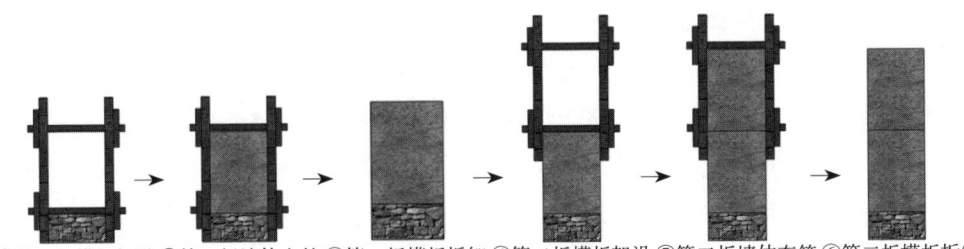

①第一板模板架设 ②第一板墙体夯筑 ③第一板模板拆卸 ④第二板模板架设 ⑤第二板墙体夯筑 ⑥第二板模板拆卸

图5-10　泸西城子村夯筑土墙施工示意

图5-11　红河地区夯筑工具与夯筑方式

模具有三面模板和两面模板之分，即有无狮子头的区别，这对夯筑墙体的拖动方向是有影响的。建造起头的一段墙体时，模具都会加狮子头；其后，便因有无狮子头而影响模具滑动方向。有狮子头的模具是朝狮子头方向滑动的，每段墙体的端头就是狮子头的一端，两墙体间的连接处为一条较明显的竖向直缝；无狮子头的模具滑动方向没有限制，还可以在夯墙的开敞端斜夯，形成斜坡形端头，与下一段夯筑结合，使每段墙体间的连接较为自然，形成一条斜向土层带。无狮子头模具的夯筑墙体整体性较好，但是需要多添置一副地公牛夹片，施工较繁杂，较狮子头而言，地公牛也更容易松动，对墙体厚度的约束稍弱于狮子头。每种施工方法总有其利弊，需要工匠视情形自行取舍。

在滇中滇南地区，由于夯筑模具的尺寸较大不满足山墙顶端山尖部位的形体，两坡顶的山墙会同时使用夯土和土坯砖，在面积较小的山尖部位就用尺寸相对较小的土坯砖填充三角区域。

滇西北地区夯土墙的夯筑技术与滇中滇南地区有所不同。

滇西北夯筑土墙为立柱夹板支模，施工方向分水平滑模和竖向滑模两种方式：水平滑模，与滇中滇南单面墙施工不同，而是几面墙同时施工；竖向滑模，分墙段施工，使得墙体夯筑后各有特点。

滇西北藏族土库房民居中，由于墙体厚度更大、开窗面积较小，墙体上的洞口对夯墙的影响相对略弱，因此，一般是先预留好门窗框，待墙体夯筑到预定位置时，先装好门窗框，再继续撺墙。藏族土库房墙体常采用的夯筑做法，外墙面有收分，内墙面不收分，墙体高度约9m，墙体上端宽约0.5m，下端宽可达1m，平顶屋的墙体略薄。究其原因，夯筑的方式可使墙体取得较大的厚度，以适应滇西北地区高寒地区冬季温度较低的自然气候，同时墙面收分是为了保持稳定，同时在立面上营造厚重感。

几面墙体同时夯筑时夯筑模具不用地公牛固定模板间距，而是在基地上沿墙体两侧确定宽度。固定接近建筑单层高度的原木，模板安装在通高立柱内侧，同时用箭竹编织成的草筋箍住立柱的活动端，保证原木上端的稳定和墙体厚度的均匀，因此不会留下滇中南模具里地公牛的痕迹。

在这样的模具框架内，夯筑完一段墙体后，再滑动模板，夯筑下一段。为了保证前一天的夯土墙能有充足的时间固化，提高墙体的强度和整体稳定性，在夯筑完的这一期墙体后，会稍事休息，并在土墙上加盖遮雨的维护木板盖。夹板夯筑的各面墙体为同时夯筑，因此在转角不易产生裂缝并且在外观上，转角部位的土层色泽有同时施工的连贯性。

迪庆地区的夯土建筑在修建好后的使用过程中，还会保留墙体端部的模板，以维持厚重墙体的稳定性。小中甸地区的民居在山墙外围的主要结构部位，如山墙外还支有通长的"栋持柱"支撑檩，与内部木构架共同承重，夯土墙几乎只是围护结构。

由于土质的不同，墙体的密实程度也不同，夯筑后的墙体形变程度也有不同。黏土含量较高时水分也较多，夯墙也较为容易，但是后期水分散失引起的墙体形变也较大，易开裂，多见于滇中南地区砂石含量较高时，水分较少，墙体的夯筑也较难，但是生土中有一定砂石比例其强度不但不会降低，反而会更高，如同混凝土中的砂石比。因此，在以后的使用中，墙体的变形和裂缝较小。但是砂石含量大会引起墙体的密实度不高，墙面粗糙，这种情形多见于滇西北地区。

②土坯墙

红河哈尼族民居中，夯土建造方式并不多见，更多的是土坯砖作为填充墙的建造方式。砌墙用的土坯，质量好，不仅形状整齐，尺寸误差不大，且强度高，可砌筑2~3层房屋，甚至支撑楼板屋面荷载。土坯砌筑分为制坯和砌筑两个步骤。制坯：一般就近选取黏性较好的土，将土捣碎细筛，去除杂质，增强土坯抗压力，之后加入沙子、稻草增加抗拉性能，然后将土、骨料、拉结料填入模具中，与水充分拌合之后，再用木桩压实，3~5天风干后即可成形（图5-12）。

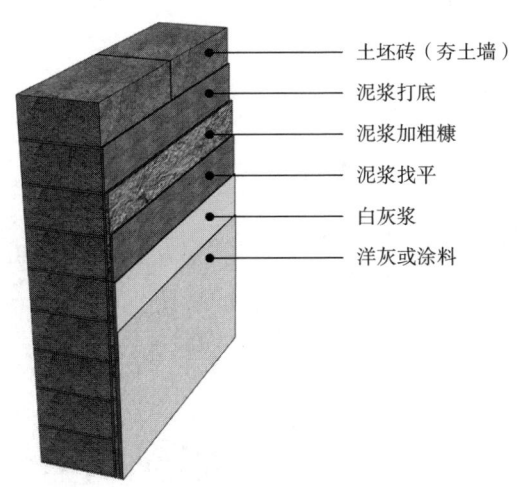

图5-12　土坯墙材料图

砌筑：土坯砖直接砌筑在石墙基上，砌缝用泥浆处理或不处理，常见的砌筑方式有一顺一丁、全丁或梅花丁等砌法。土坯墙体的厚度一般为450mm左右，砌筑完成后一般在各檐口下300～500mm范围表面涂抹白灰，以保护土墙受雨水冲刷最薄弱的部位。

③挂泥墙

也称为泥塑竹墙，是一种编竹夹泥的传统做法，在宋《营造法式》中记作"隔截编道"，做法为"造隔截壁桯，内竹编道之制，每壁高五尺，分作四格，上、下各横径一道，格内横用经三道，至横经纬相交织之。每经一道用竹三片，纬用竹一片……"哈尼民居中泥塑竹墙的做法较营造法式更为简化，没有单独用原竹做框架，而仅是利用房屋自身竖向木框架，横向施3～5根木条简单固定于木框架上，再将竹片绑扎于横向木条的两面，中间填充生土（图5-13）。

图5-13　挂泥墙与土坯砖墙

（2）竹墙

①竹篾墙

劈竹为篾，是对竹片的径向加工。在哈尼族土掌房民居中，竹篾编织成席，用作竹篾墙，是"编竹为垣"的广泛运用（图5-14）。

②原竹墙

将原竹劈为半圆竹，或直接利用原竹排好，分上中下用横竹夹定捆牢（图5-15）。

图5-14　竹篾墙

(3) 木墙

①木板墙

在哈尼族传统民居中，耳房朝院落一侧的墙不用土坯，而常用木板墙。由于耳房的底层通常架空用于蓄养牲畜或者堆放杂物，使用落地的土墙有碍使用功能，因此智慧的哈尼人采用木框架底层架空，二层用木板这种轻质材料置于木框架之上起到围合的作用。做法主要有两种，一是把木材加工成木板，木板侧面做企口，两两相连；或是在相邻木板间加设竖向肋。

②木楞墙

原木交错叠置，转角交叉咬合。

图5-15 原竹墙

(4) 砖墙中的"金包玉"墙

"金包玉"墙，即墙外侧用砖（以土烧制，"熟土"谓之"金"）砌筑，内侧用土坯砖（"生土"谓之"玉"）堆砌。墙面很厚，内侧土坯厚450mm，外侧砖墙厚100～120mm，砖墙扁砌，丁顺结合以丁砖插入土坯砌体内相互拉结。

(三) 楼地面及屋顶构造特征（表5-5）

楼地面及屋顶构造特征　　　　　　　　　　　表5-5

楼地面种类	做法和特征	适用部位
土楼板	木梁上放置木楞，上再铺一层柴草或者竹笆（席），表层垫泥土拍打密实	楼面
土地板	木梁上放置木楞，上再铺一层柴草或者竹笆（席），加入稻草或砂石分层夯筑湿土，最上层用黏土加上牛粪或石灰混合拍实，形成光滑防渗表面	地面
木楼板	木梁上放置木楞，上铺一层薄木板	楼面

1. 楼地面

(1) 土楼（地）板

土楼面的做法是木梁上放置木楞，间距小且不规则，木楞间距通常在

150～200cm之间，有的甚至密铺，上再铺一层柴草或者竹笆，表层垫泥土拍打密实。适宜堆存粮食，具有防火、防潮、耐用、修补方便等优点。但缺点是自重较大，承载能力较小（图5-16）。

土地板通常由多层结构组成，承重层由木梁或密肋木椽组成，以支撑上方土层，上铺一层柴草或者竹笆（席）作为垫层，垫层上加入稻草或砂石分层夯筑湿土，总厚度约20～30cm。防水面层用黏土加上牛粪或石灰混合拍实，形成光滑防渗表面。土地板需要定期用石磙或木槌碾压，以增强密实度。

图5-16 土楼（地）板

（2）木楼板

哈尼族土掌房民居中室内的楼板是一种密梁楼板，做法是在木框架上直接密铺间距200～250mm的椽条，上再铺设加工好的木板（图5-17）。

2. 屋顶（表5-6）

图5-17 木楼板

土掌房屋顶的种类、做法和特征　　　　　　　　　　　表5-6

屋顶种类		做法和特征	适用地区及类型
平屋顶	土平顶	木梁上放置木楞，上再铺一层柴草或者竹笆，表层垫泥土拍打密实，表面提浆抹平	藏族土库房 彝族、哈尼族土掌房
坡屋顶	草排顶	茅草制成草排，逐层捆扎铺设	哈尼族蘑菇房
	厚铺草顶	稻草、秸秆等捆成束状固定在屋顶基层	哈尼族蘑菇房
	瓦顶	板瓦相互搭接，钩挂	哈尼族土掌房

（1）平屋顶

①土平顶

土平顶做法同土楼板，也有用土坯填平再抹泥的做法，如果定期修整，一般可维持三四十年不坏。经济较为富裕的地区，再在土层上抹一层石灰作为面层，防雨效果更佳。泥土漏雨难以避免，届时拍打后再抹泥即可，维修较为方便。据说粮食打下后即晾晒于土顶上，可吸湿，使粮食慢慢干燥而不会腐烂，故土掌房民居的屋顶多是这种做法。

②土平顶檐口

土掌房土平顶的檐口，边沿用泥土堆高，一般略高出屋面20cm左右，有的砌砖，其作用是保护晾晒的粮食不致坠落。在一定位置上留排水口，用来排泄雨水（图5-18）。

图5-18　土平顶檐口

（2）坡屋顶

①草顶

森林、村寨、梯田、水系，哈尼梯田"四素同构"的农耕体系，造就了多雨多雾的山地立体气候。为适应多雨的气候特点，使雨水迅速排走，哈尼族依据现有材料，在土平顶上加建茅草顶，茅草顶有四坡和两坡两种形式。蘑菇顶的屋架较为简单，往往因为竹或木某一种材料的短缺而混合使用，原则是材料尺度适宜，性能适合。

《考工记》上记载："匠人为沟洫，葺屋三分，瓦屋四分"。说明在战国时对屋顶和瓦屋顶的不同坡度处理已经有一定的社会性规定，屋顶的高度与建筑的进深尺度相联系。一般草屋的坡度是35°，而蘑菇房的草顶坡度略大于45°，比一般草屋要陡。坡顶通常为四坡或两坡顶，传统的做法是采用原竹或者木条绑扎成人字形屋架，再用木椽铺出四个坡面或两个坡面，木椽上固定挂草条，最后再厚厚地铺上稻草或茅草。

茅草硬，稻草软；茅草顺，稻草蓬；茅草做筋骨，稻草敷面，结实耐腐。两者结合苫顶，可以做出蓬松可爱又自然的屋顶形式，还可以极大地发挥山茅草和稻草各自的特性，节省材料，达到优良配置。山茅草质地坚硬耐久性较强，一般可以使用3~5年，稻草易腐蚀，需要每年更换，每逢秋初，收集梯田农收后的稻秆、稻草，以备冬季建房和修缮。这体现了蘑菇房材料选择的经济性和环保性，也体现了哈尼族围绕梯田农耕生产生活的智慧（图5-19）。

图5-19　红河州蘑菇房草顶

②瓦顶

瓦顶的出现源于经济条件的改善、生活水平的提高，以及汉文化的传播。据调查，在红河南岸的广大哈尼族聚居地，瓦房至迟于20世纪90年代出现。依循土掌房的建造逻辑，正房平顶部分加盖一个坡屋顶，支承屋顶的梁架直接立于三层的土顶上，三层的土顶和坡屋顶之间形成一个三角形的夹层。梁架由两根80~90mm的短柱上架一段梁，梁中再施一根40~50mm的脊柱以承顶部的脊檩，横向和竖向的构件以榫卯联结。屋顶梁架与下层柱架没有绝对的对位关系，木梁架左右移位的情况比较常见（图5-20）。

图5-20　城子村民居瓦顶

（四）楼梯构造特征

哈尼族土掌房民居的楼梯通常设置于正房，位于厨房所在的开间，与灶台位置相对，便于拿取二楼储藏的物品，楼梯宽约1.1m，踏步宽高在200~220mm之间，坡度相对较大，且在楼梯踏步设置上民间有踏单不踏双的说法。楼梯为独立的建筑构件，直接取原木砍出踏步，或者加工成木板组装成木楼梯。在二层楼板上开洞，将加工好后的楼梯直接安装固定于靠墙一侧，是一种较为经济的设置（图5-21）。

藏族土库房民居中，登上三层楼楼顶，主要借助一把锯齿状的独木楼梯。这种楼梯的做法即是选取天然木料，经过简单加工砍削而成。

图5-21　哈尼族土掌房民居楼梯

三、特殊建造技艺

（一）闷火顶

地处元阳、红河、绿春县的彝族哈尼族局部瓦顶或草顶的土掌房民居，典型的正房为三间二层加闷火顶的做法。底层明间作为堂屋，为待客和家人聚集议事处，两次间为卧室，二层一般不住人，供晾晒和储藏粮食用，其上在瓦顶或草顶下加设一层泥土封火顶，构造如泥土楼面的做法。此层闷火顶（又称封火顶）的加设，既可增加储藏空间的面积，还可起到一定的防火作用。彝族、哈尼族村寨房屋密集，厨房火塘常年不熄，一旦遇火灾，就会面临大片房屋被烧毁的风险，而闷火顶的加设可防止火势的蔓延，减小灾害损失。

该设置也为晾晒不易干的粮食和种子。有的闷火顶（又称封火顶）上留有一小孔（约20cm×20cm），粮食可以从封火顶上直接漏至粮仓内。

（二）密梁式夯土平顶

土掌房在建盖上墙基用料不一，有的选用土坯砖砌筑，有的选用生土夯筑。但无论选用哪种，房子正中和屋面必有松树作柱子横梁支撑。在建盖中，以石为墙基，用土坯砌墙或用土层夯实，墙上架密梁（间距150~200mm），梁上铺破开的松柴或栗柴，上面铺上松毛或芦柴秆，再铺一层潮湿的胶泥土，最上层再铺上一层细土，经洒水抿挞，形成平台房顶，不漏雨水。

四、地域性建筑装饰

土掌房民居本质上是一种以满足基本生活功能需求、延续族群繁衍而衍演创造出的住屋形式，住屋从满足"庇护"的基本功能需求到刻意追求"装饰"意味的观念，经历了漫长的过程。但这并不代表早期的住屋中缺乏装饰的观念，反而，在早期的住屋中人们将审美观念、宗教信仰和礼仪制度等人文要素，形成以具有象征意义的符号体系为表征的空间文化概念[16]，并通过建筑空间载体表达出来。藏族土库房民居的建筑装饰主要体现在其门窗的构建形式和色彩；彝族平顶土掌房民居、哈尼族蘑菇房民居鲜少看得出装饰的痕迹，仅在檐口位置作简单处理；彝族、哈尼族瓦房民居是汉族合院式民居和平顶土掌房的结合，在建筑装饰方面依循合院式民居的装饰特征，在建筑院内的斗栱、花枋、门窗等部位有较为精致的彩绘或雕刻。

（一）色彩

色彩方面，藏族最重视白、红两色，这与藏族的宗教信仰和生活环境有着直接的联系[111]。在日常生活中，藏族视"白"为乳品，为素食；视"红"为肉类，为荤食。宗教仪式中，藏族祭祀温和的神用白色供品；祭祀凶厉的神用红色供品。藏族民居建筑的外墙常采用红、白二色，色彩运用具有鲜明的象征意义。红色作为神圣色谱，专用于护法神殿和灵塔殿等宗教神圣空间；白色则作为世俗色谱，限定于生活居住类建筑，寓于吉祥、温和与善良。

（二）檐口

滇中和滇南一带的彝族土掌房民居檐口的松毛，既有功能上防雨滤水、保护木梁的作用，同时也是发挥一定的立面装饰作用，呈现出一种原始、乡土的美学特征（图5-22）。

图5-22 檐口

参考文献

[1] 徐坚，汤晨苏，方芳. 高原山地聚落保护与发展的适应性研究——以拖潭村村庄建设规划为例[J]. 华中建筑，2013，31（8）：113-118.

[2] 徐坚. 山地城镇生态适应性城市设计[M]. 北京：中国建筑工业出版社，2008.

[3] 刘朦. 云南古羌支系各族建筑中的中柱起源探析——主要以彝族、藏族为例[J]. 理论界，2015（3）：5.

[4] 城子古村编委会. 城子古村·时光记忆[M]. 红河：泸西县编委会，2009.

[5] 杨大禹，朱良文. 云南民居[M]. 北京：中国建筑工业出版社，2010.

[6] 杨庆光. 楚雄彝族传统民居及其聚落研究[D]. 昆明：昆明理工大学，2008.

[7] 中华人民共和国住房和城乡建设部. 中国传统建筑解析与传承 云南卷[M]. 北京：中国建筑工业出版社，2016.

[8] 建水县志编纂委员会. 建水县志[M]. 北京：中华书局，1994.

[9] 云南省设计院. 云南民居[M]. 北京：中国建筑工业出版社，1983.

[10] 徐坚，徐定怡. 高原山地井干式民居的可持续社会生态共生系统营造——以同乐村为例[J]. 四川建筑，2023，43（1）：17-20.

[11] 杨大禹. 对云南历史文化名村城子村的保护研究[J]. 中国名城，2012（7）：61-68.

[12] 孔令嘉. 哈尼族传统蘑菇房中的防灾减灾元素分析——以元阳县阿者科村为例[J]. 保山学院学报，2021，40（4）：17-25.

[13] 陈耀东. 中国藏族建筑[M]. 北京：中国建筑工业出版社，2007.

[14] 赵泽源. 香格里拉地区藏族民居文化要素特征研究[D]. 北京：北京建筑大学，2020.

[15] 吴艳. 滇西北民族聚居地建筑地区性与民族性的关联研究[D]. 北京：清华大学，2012.

[16] 蒋高宸. 云南民族住屋文化[M]. 昆明：云南大学出版社，1997.

[17] 建水县志编纂委员会. 建水县志[M]. 北京：中华书局，1994.

[18] 龙楠楠. 云南彝族土掌房文化的传承保护研究——以建水县苍台村为例[J]. 美与时代

（城市版），2020（10）：10-11.

[19] 徐坚，丁宏青. 高原山地人居环境适应性保护与建设[M]. 北京：科学出版社，2020.

[20] 张盼. 红河哈尼梯田遗产区传统村落空间形态保护与发展研究[D]. 昆明：昆明理工大学，2017.

[21] 角媛梅，程国栋，肖笃宁. 哈尼梯田文化景观及其保护研究[J]. 地理研究，2002，21（6）：733-741.

[22] 泸西县志编纂委员会. 泸西县志[M]. 昆明：云南人民出版社，1992.

[23] 白雪悦，王尉，郦大方. 哈尼族传统蘑菇房建筑：可持续建筑的文化智慧[J]. 建筑结构. 2023，53（S2）：374-380.

[24] 李军，黄俊，黄经南，等. 中国古代环境思想影响下的云南城子村空间形态研究[J]. 建筑学报，2017（S2）：1-6.

[25] 苏斐然，姚亚娟. 彝族土掌房的历史智慧与当代发展[J]. 楚雄师范学院学报，2023，38（1）：71-77.

[26] 城子古村编委会. 城子古村·时光记忆[M]. 红河：泸西县编委会. 2009.

[27] 秦春丽，宋钰红. 云南省双柏县阿哨左村彝族土掌房空间布局模式探析[J]. 安徽农业科学，2013，41（23）：9653-9656.

[28] 黄绍文，黄涵琪. 哈尼族传统村落的生态文化研究[J]. 遗产与保护研究，2017，2（3）：29-37.

[29] 邝嘉，曾茜. 变迁中的傣族传统建筑文化及应对措施——以新平傣族土掌房为例[J]. 楚雄师范学院学报，2007（5）：58-61+72.

[30] 吴晓丽. 乡村振兴战略中云南元江傣族传统民居土掌房的保护与传承[J]. 绿色科技，2020（3）：206-208.

[31] 杨金虎. 云南滇西北少数民族民居建筑空间结构与美丽乡村建设互动研究[J]. 中国民族美术，2019（1）：6-15.

[32] 徐坚，梁彦杰，周盛君. 滇西北人居环境景观格局特征及生态适应性分析[J]. 华中建筑，2010，28（3）：137-139.

[33] 云南省中甸县志编纂委员会. 中甸县志[M]. 昆明：云南民族出版社，1997.

[34] 德钦县志编纂委员会. 德钦县志：1978—2005[M]. 昆明：云南民族出版社，2011.

[35] 郝娅楠. 云南小中甸镇传统藏族聚落与民居建筑研究[D]. 西安：西安建筑科技大学，2015.

[36] 李睿. 滇西北藏传佛教影响下的藏族民居装饰研究[D]. 昆明：昆明理工大学，2008.

[37] 韩彦. 民族交融视域下滇西北珠巴龙河谷傈僳族文化发展研究[J]. 民族研究，2023（6）：63-77+140.

[38] 王声跃，严舒红. 云南少数民族服饰景观地域特征探析[J]. 人文地理. 2003（3）：77-81.

[39] 柯达. 迪庆乡村地文模式语言研究[D]. 昆明：昆明理工大学，2017.

[40] 王莹. 云南少数民族节日开发研究[D]. 昆明：云南大学，2011.

[41] 强明礼. 云南藏族木结构民居特征研究[D]. 北京：中国林业科学研究院，2016.

[42] 张慧，林美卿. 藏传佛教的生态思想及其当代价值[J]. 云南社会主义学院学报，2018，20（4）：105-110.

[43] 徐慧敏，翟辉. 火塘的"时空"演变——以云南迪庆藏居为例[J]. 华中建筑，2013，31（2）：139-142.

[44] 胡斌，许文宇，陈蔚. 中柱与火塘——藏彝走廊地区彝族住屋空间原型平面衍化分析[J]. 建筑技艺，2021，27（4）：97-99.

[45] 赵西子. 滇西北藏族传统民居"土掌碉房"营造技艺调查研究[D]. 西安：西安建筑科技大学，2018.

[46] 吴昊. 滇中傣族土掌房建筑艺术及现代传承[D]. 昆明：云南艺术学院，2019.

[47] 卢亚. 基于低影响开发理念的红河县作夫村水景观生态设计[D]. 昆明：云南师范大学，2023.

[48] 何冰玥，徐坚，钱宇佳. 乡村振兴背景下特色保护类村庄景观评价——以建水县苍台村为例[J]. 南方农机，2024，55（14）：101-104.

[49] 李军，黄俊，黄经南，等. 中国古代环境思想影响下的云南城子村空间形态研究[J]. 建筑学报，2017（S2）：1-6.

[50] 陈柳，郭鑫. 试论彝族土掌房的文化内涵及其传承——以云南省泸西县永宁乡城子村为例[J]. 枣庄学院学报，2011，28（3）：7-10.

[51] 谭人殊. 谈云南老旭甸传统村落改造实践[J]. 山西建筑，2015，41（29）：8-9.

[52] 姜芹春，马谊妮. 民族地区居民对旅游开发的认知与态度研究——以元江县澧江镇者嘎村为例[J]. 玉溪师范学院学报，2012，28（2）：36-39.

[53] 时少华，李享. 社会网络视角中世界文化遗产地旅游村寨的利益关系治理——以云南元阳哈尼梯田典型旅游村寨为例[J]. 热带地理，2020，40（4）：625-635.

[54] 汤祺，张云. 基于整体保护视角下的传统村落活态传承——以元江坡垤村为例[J]. 农业与技术，2024，44（3）：130-134.

[55] 鲁富华. 新城镇背景下乡村小镇发展的路径选择与规划模式研究——以方山诸葛营村为例[J]. 城市建筑，2019，16（3）：118-119.

[56] 杨毅. 云南峨山亚尼村空间结构和仪礼轴线的转化（英文）[J]. 昆明理工大学学报（自然科学版），2001（3）：129-135.

[57] 陈一，周波，干晓宇. 彝族传统土掌房聚落景观意象解析及可持续发展探讨——以云南双柏县安龙堡村为例[J]. 华中建筑，2016，34（4）：152-156.

[58] 袁娅. 川滇彝族传统民居形制的差异性探析——以红河土掌房和凉山瓦板房为例[J]. 四川建筑，2022，42（5）：36-38.

[59] 李期博. 论哈尼族梯田稻作文化[M]. 昆明：云南民族出版社，2000.

[60] 杨庆，陈露. 红河哈尼族蘑菇房营造智慧初探[C]//中国民族建筑研究会. 中国民族建筑学术论文特辑2023. 北京：中国建材工业出版社，2023：186-189.

[61] 李心一, 孔含嫣, 瞿辉. 大理绿桃村白族民居土库房的建筑形制研究[J]. 城市建筑, 2021, 18 (17): 84-86.

[62] 何寅嵩. 历史脉络视野下的大理白族地区传统建筑的发展及演变[J]. 城市建筑, 2020, 17 (13): 18-23.

[63] 吴昊. 滇中傣族土掌房的现代化改造——以新平县彝族傣族自治县漠沙镇南蒡村为例[J]. 艺术科技, 2019, 32 (1): 29+31.

[64] 郦大方. 西双版纳哈尼族住居空间构成及演变——以曼冈寨为例[J]. 住区, 2017 (1): 47-53.

[65] 段小青. 花腰傣传统民居的文化功能与生态意义——对新平南碱村"傣卡"的田野考察[C]//云南大学西南边疆少数民族研究中心. 全球化背景下的云南文化多样性. 昆明: 云南人民出版社, 2010: 144-154.

[66] 王东, 孙俊. 滇东南彝族城子古村土掌房的环境审美探析[J]. 南方建筑, 2012 (5): 91-95.

[67] 龙楠楠. 云南彝族土掌房文化的传承保护研究——以建水县苍台村为例[J]. 美与时代 (城市版), 2020 (10): 10-11.

[68] 许怡. 传统村落的公共空间保护与更新思路探讨——以红河州建水县苍台村为例[J]. 价值工程, 2015, 34 (14): 203-205.

[69] 张宏烨. 迪庆藏族传统民居生态模式及当代设计应用[D]. 西安: 西安建筑科技大学, 2020.

[70] 欧阳玉卓. 红河州城子村彝族传统聚落特征研究[D]. 重庆: 重庆大学, 2019.

[71] 吴昊. 滇中傣族土掌房建筑艺术及现代传承[D]. 昆明: 云南艺术学院, 2019.

[72] 张智桐. 云南红河州元阳县哈尼族土掌房空间设计研究[J]. 山西建筑, 2017, 43 (4): 23-25.

[73] 白玉宝. 哈尼族建筑文脉研究(续)[J]. 玉溪师范学院学报, 2015, 31 (5): 20-27.

[74] 张智桐. 云南元阳县哈尼族民居设计研究[D]. 镇江: 江苏大学, 2017.

[75] 王洪伟. 探访苍台村[J]. 今日民族, 2006 (2): 38-40.

[76] 李茂颖. 云海土台古韵悠然[N]. 人民日报, 2024-01-01 (6).

[77] 吴娇娇. 文体中心地域文化当代表达的设计研究[D]. 昆明: 昆明理工大学, 2021.

[78] 朱良文, 陈晓丽, 程海帆. 云南省红河哈尼族彝族自治州元阳县新街镇爱春村元阳阿者科哈尼族蘑菇房保护性改造[J]. 小城镇建设, 2017 (10): 54-55.

[79] 孙洁. 资源的价值内涵变迁的思考——以云南元阳县箐口民俗生态旅游村的水牛为例[J]. 贵州大学学报(社会科学版), 2007 (1): 44-50.

[80] 崔丹丹. 云南部分少数民族民居屋顶装饰艺术研究[D]. 昆明: 昆明理工大学, 2011.

[81] 王兆南, 瞿辉. 云南少数民族典型性屋顶样式研究——以干栏及邛笼体系为主[J]. 建筑与文化, 2021 (12): 256-258.

[82] 黄龙光, 杨晖. 滇中南彝族土掌房建盖仪式与歌谣[J]. 原生态民族文化学刊, 2014, 6 (3): 143-148.

[83] 沈环艇. 土掌房民居的建构逻辑及其模式语言[D]. 昆明：昆明理工大学，2012.

[84] 欧阳玉卓. 红河州城子村彝族传统聚落特征研究[D]. 重庆：重庆大学，2019.

[85] 罗德胤，孙娜. 三个哈尼村寨的建筑测绘与分析[J]. 住区，2013（1）：88-97.

[86] 白雪悦，王尉，郦大方. 哈尼族传统蘑菇房建筑：可持续建筑的文化智慧[J]. 建筑结构，2023，53（S2）：374-380.

[87] 吴良镛. 严峻生境条件下可持续发展的研究方法论思考——以滇西北人居环境规划研究为例[J]. 城市发展研究，2001（3）：13-14+22.

[88] 吴良镛. 严峻生境条件下可持续发展的研究方法论思考——以滇西北人居环境规划研究为例[J]. 科技导报，2000（8）：37-38.

[89] 薛凯. 西南聚落的生态技术理念及策略——以云南省泸西县永宁乡城子村为例[J]. 建筑与文化，2020（2）：236-237.

[90] 辛雨辰，严少飞，韩卫然，等. 晋中传统山地民居适应地形的节地营建模式研究[J]. 西安建筑科技大学学报（自然科学版），2023，55（5）：756-765.

[91] 唐毅. 传统山地建筑的生态价值评析——以滇南彝族土掌房为例[J]. 中南林业科技大学学报（社会科学版），2013，7（3）：27-29+35.

[92] 张涛，刘加平，王军，等. 传统民居土掌房的气候适应性研究[J]. 建筑科学，2012，28（4）：76-81.

[93] 田俊，张祖莲，谢道春. 云南红土的工程特性研究综述[J]. 中国水运，2023，23（2）：101-103.

[94] 李博超，杨晓翔. 浅析大理洱源土库房的建筑材料与建造技艺[J]. 居舍，2022（33）：51-54.

[95] 樊振和. 建筑构造原理与设计[M]. 天津：天津大学出版社，2004.

[96] 王冬，刘洪涛，马青宇，等. 一个建筑地方性特色与创作研究的"实验文本"[J]. 新建筑，2003（2）：26-28.

[97] 韩颖琦，方蓉蓉. 生态批评视域中的哈尼族史诗《十二奴局》[J]. 红河学院学报，2021，19（6）：1-4.

[98] 李玉凤，林冠秀，孙沂楠. 侗族村落建筑的适应性与可持续发展研究——以程阳八寨为例[J]. 美与时代（城市版），2023（7）：22-24.

[99] 刘伟，徐晓童，南天. 彝族民居建筑的活化石——土掌房建筑的建造特点及传承研究[J]. 中国民族美术，2018（2）：26-29.

[100] 姚宗里. 新平彝族土掌房地域适应性体现[J]. 华中建筑，2013，31（2）：151-155.

[101] 琳恩·伊丽莎白，卡萨德勒·亚当斯. 新乡土建筑——当代天然建造方法[M]. 北京：机械工业出版社，2005.

[102] 明庆忠，童绍玉，等. 云南地理[M]. 北京：北京师范大学出版社，2017.

[103] 段兴武，洪欢，等. 云南土壤地理[M]. 北京：科学出版社，2019.

[104] 李朝阳，王东. 源·流·聚·拓：彝族土掌房屋顶形态演变新解[J]. 装饰，2020（3）：112-115.

[105] 卢平安. 云南彝族民居建筑再利用的思考——以云南石屏县慕善村花腰彝族土掌房为例[J]. 艺术. 生活, 2011（4）：54-56.

[106] 代学熙. 乡土特色保护背景下夯土材料研究——以夯土营造为例[J]. 美与时代（城市版），2023（3）：37-39.

[107] 周菁, 雷成萱. 滇中彝族土掌房与新墨西哥州印第安族土坯房的对比研究[J]. 中外建筑，2023（12）：100-105.

[108] 大琦正治, 郑晓云. 云南少数民族（澜沧江流域）的文化与森林保护[M]. 北京：中国书籍出版社，2006：20.

[109] 郭晶, 陆梓欣, 王宇阳. 城子古村彝族土掌房民居演变研究[J]. 城市建筑，2023，20（6）：143-146.

[110] 杨智宇. 论凉山彝族民居与红河彝族民居区别和联系的根源——以瓦板房与土掌房为例[J]. 设计，2016（15）：54-56.

[111] 胡彩云. 彝族土掌房的内容美和形式美——以城子古村为例[J]. 美与时代（城市版），2020（1）：110-111.